面向新工科的高等学校应用型人才培养规划教材

Python 智能硬件开发

——基于智能车的项目设计与实现

赵 振 刘 扬 关文博 ◎ 主编

中国铁道出版社有限公司
CHINA RAILWAY PUBLISHING HOUSE CO., LTD.

内 容 简 介

本书以讲解 Python 的语法知识、技术为基础，包括了 Python 的语言基础、函数、高级特性、函数式编程、模块、面向对象编程、正则表达式、图形界面、异常错误处理、IO、多线程、数据库、网络通信等内容。在此基础上，融入智能硬件的应用实践场景，将学习 Python 的相关知识应用于智能硬件的开发实践上。通过在智能硬件开发中使用高效的 Python 语言，以及在 Python 学习中融入智能硬件开发应用场景这种教学模式，达到提高学习兴趣、提升对于学科交叉问题和复杂工程问题实践能力的目标。

本书适合高等院校软件工程、计算机科学及相关专业，以及软件学院、各类职业信息技术学院和专业培训机构等作为教材使用。

图书在版编目（CIP）数据

Python 智能硬件开发：基于智能车的项目设计与实现 / 赵振，刘扬，关文博主编．—北京：中国铁道出版社有限公司，2022.9
面向新工科的高等学校应用型人才培养规划教材
ISBN 978-7-113-29322-2

Ⅰ.①P… Ⅱ.①赵… ②刘… ③关… Ⅲ.①软件工具-程序设计-高等学校-教材 Ⅳ.①TP311.561

中国版本图书馆 CIP 数据核字（2022）第 111682 号

书　　名：Python 智能硬件开发——基于智能车的项目设计与实现
作　　者：赵　振　刘　扬　关文博

策　　划：汪　敏　　　　　　　　　　编辑部电话：（010）63549508
责任编辑：汪　敏　贾淑媛
封面设计：郑春鹏
责任校对：苗　丹
责任印制：樊启鹏

出版发行：中国铁道出版社有限公司（100054，北京市西城区右安门西街 8 号）
网　　址：http://www.tdpress.com/51eds/
印　　刷：三河市兴达印务有限公司
版　　次：2022 年 9 月第 1 版　2022 年 9 月第 1 次印刷
开　　本：787 mm×1 092 mm　1/16　印张：10.75　字数：235 千
书　　号：ISBN 978-7-113-29322-2
定　　价：32.00 元

版权所有　侵权必究

凡购买铁道版图书，如有印制质量问题，请与本社教材图书营销部联系调换。电话：（010）63550836
打击盗版举报电话：（010）51873659

前 言

Python 语言作为一种非常流行、极易上手、功能强大的通用编程语言,使得使用者更关注于问题的解决、创新思维的实现、实践能力的提升,而不是苦学语言本身。自 2004 年以来,Python 语言的使用率呈线性增长;2011 年 1 月,Python 被 TIOBE 编程语言排行榜评为 2010 年度语言。2022 年,Python 在受欢迎的编程语言中名列第三。Python 已经成为最受欢迎的程序设计语言之一。

当今,迅猛发展的新兴产业需要工程实践能力强、创新能力强、具有学科交叉融合特征、具备国际竞争力的高素质复合型"新工科"人才。而传统工科专业则面临多学科知识融合不足、学生缺乏学习兴趣、难以解决复杂工程问题等诸多问题。这就需要探索传统工科专业多学科交叉融合改造的途径与方式,推动高新技术与工科专业的知识、能力、素质深度融合,以满足改造提升传统产业和培育壮大新兴产业的需要。

被誉为"制造业皇冠上的明珠"的机器人具有显著的多学科交叉融合特征,与 IT 类专业知识密切相关,可以提高学生学习兴趣,是工程专业认证中"复杂工程问题"的典型代表。

本书结合国内实际情况,将 Python 作为案例实践开发的有力工具,以帮助学生迅速跟上软件技术发展趋势,提高学习兴趣,辅助学生迅速创新;并设计 Python 智能硬件开发培养方案,在 Python 语言教学中植入机器人等智能硬件的应用实践场景,提升对于学科交叉问题、复杂工程问题的实践能力,培养适合行业需要的人才。综合上述两种模式,可望极大地提高学生学习的兴趣、效率和效果:借助 Python 语言,专注于解决问题、达成目标;借助机器人等智能硬件,加强应用实践,提升兴趣。

编 者
2022 年 6 月 15 日于青岛

目　录

第 1 章　基于 Python 的智能硬件开发概述 ·················· 1
  1.1　Python 语言的发展 ·················· 1
  1.2　Python 语言的优点 ·················· 2
  1.3　使用 Python 实现智能硬件应用的前景 ·················· 4
  1.4　使用 Python 实现智能硬件应用的优势 ·················· 5
  1.5　本书选用的智能硬件 ·················· 5
  小结 ·················· 8

第 2 章　Python 语法基础 ·················· 9
  2.1　Python 数据类型 ·················· 9
  2.2　变量 ·················· 12
  2.3　Python 字符串 ·················· 12
  2.4　Python 使用 list ·················· 13
  2.5　Python 使用 tuple ·················· 15
  2.6　Python 条件判断 ·················· 16
  2.7　Python 循环 ·················· 18
  2.8　Python 使用 dict ·················· 20
  2.9　Python 使用 set ·················· 21
  2.10　Python 函数 ·················· 22
  2.11　案例精选 ·················· 32
  小结 ·················· 38

第 3 章　Python 高级特性 ·················· 39
  3.1　切片 ·················· 39
  3.2　迭代 ·················· 41
  3.3　列表生成式 ·················· 43
  3.4　生成器 ·················· 44
  3.5　迭代器 ·················· 46
  3.6　案例精选 ·················· 46
  小结 ·················· 49

第 4 章　Python 函数式编程 ·················· 50
  4.1　高阶函数 ·················· 50

4.2 返回函数 ………………………………………………………………………… 53
  4.3 匿名函数 ………………………………………………………………………… 55
  4.4 装饰器 …………………………………………………………………………… 56
  4.5 偏函数 …………………………………………………………………………… 60
  4.6 案例精选 ………………………………………………………………………… 61
  小结 …………………………………………………………………………………… 63
第 5 章 Python 类与模块 ……………………………………………………………… 64
  5.1 类和对象 ………………………………………………………………………… 64
  5.2 模块 ……………………………………………………………………………… 71
  5.3 案例精选 ………………………………………………………………………… 75
  小结 …………………………………………………………………………………… 79
第 6 章 Python 图形界面 ……………………………………………………………… 80
  6.1 Tkinter …………………………………………………………………………… 80
  6.2 wxPython ………………………………………………………………………… 83
  6.3 案例精选 ………………………………………………………………………… 86
  小结 …………………………………………………………………………………… 92
第 7 章 Python 文件与数据库编程 …………………………………………………… 93
  7.1 Python IO 编程 ………………………………………………………………… 93
  7.2 Python 访问数据库 …………………………………………………………… 103
  7.3 案例精选 ……………………………………………………………………… 109
  小结 ………………………………………………………………………………… 115
第 8 章 Python 多线程与异常处理 ………………………………………………… 116
  8.1 Python 多线程 ………………………………………………………………… 116
  8.2 Python 异常 …………………………………………………………………… 123
  8.3 正则表达式 …………………………………………………………………… 127
  8.4 案例精选 ……………………………………………………………………… 130
  小结 ………………………………………………………………………………… 134
第 9 章 Python 网络编程 …………………………………………………………… 135
  9.1 TCP/IP 简介 …………………………………………………………………… 135
  9.2 TCP 编程 ……………………………………………………………………… 136
  9.3 UDP 编程 ……………………………………………………………………… 140
  9.4 案例精选 ……………………………………………………………………… 141
  小结 ………………………………………………………………………………… 144
第 10 章 树莓派智能车实战项目 …………………………………………………… 145
  10.1 基础实战项目 ………………………………………………………………… 145
  10.2 进阶实战项目 ………………………………………………………………… 154
  小结 ………………………………………………………………………………… 166

第 1 章 基于Python的智能硬件开发概述

1.1　Python 语言的发展

Python 是由 Guido van Rossum 于 20 世纪 80 年代末、90 年代初，在荷兰国家数学和计算机科学研究所设计出来的。它常被昵称为胶水语言，能够很轻松地把用其他语言编写的各种模块（尤其是 C/C++）连接在一起。1991 年初，Python 发布了第一个公开发行版。这一年，第一个 Python 编译器诞生。Python 是用 C 语言实现的，并能够调用 C 语言的库文件。从一出生，Python 已经具有了类、函数、异常处理，包含表和词典在内的核心数据类型，以及以模块为基础的拓展系统。

Python 本身也是由诸多其他语言发展而来的，这包括 ABC、Modula-3、C、C++、Algol-68、SmallTalk、UNIX shell 和其他的脚本语言等。像 Perl 语言一样，Python 源代码同样遵循 GPL（GNU General Public License，GNU 通用公开计可证）协议。

现在 Python 是由一个核心开发团队在维护，Guido van Rossum 仍然起着至关重要的作用，指导其进展。Python 崇尚优美、清晰、简单，是一个优秀并广泛使用的语言。Python 已经成为最受欢迎的程序设计语言之一。自从 2004 年至今，Python 的使用率及受欢迎程度呈线性增长。Python 在 2022 年受欢迎的编程语言中名列第三，如图 1-1 所示，它是 Dropbox 的基础语言和豆瓣的服务器语言。

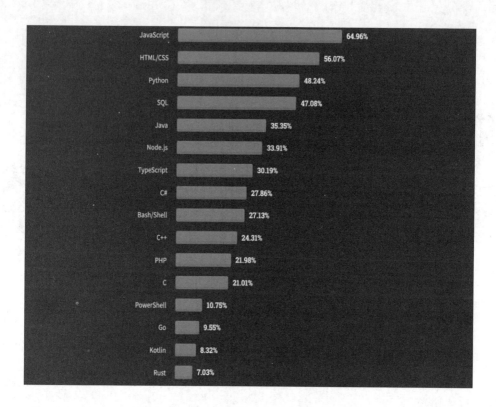

图 1-1 2022 年各编程语言受欢迎程度

1.2 Python 语言的优点

1．简单

Python 是一种代表简单主义思想的语言。阅读一个良好的 Python 程序就像是在读英语一样，所以对英语的要求也是非常严格的。Python 语言的本质也是它最大的优点之一，是它使学习者能够专注于解决问题而不是去弄明白语言本身。

2．易学

Python 十分容易上手，因为它的语法十分简单。

3．免费、开源

Python 是 FLOSS（自由/开源软件）之一。简单地说，使用者可以自由地发布软件的副本，阅读其源代码，对其进行修改，并将部分内容用于新的自由软件。FLOSS 是基于与团队共享知识的概念。这就是 Python 优秀的原因之一——它是由一群希望看到更好的 Python 的人创建和改进的。

4．高层语言

当使用 Python 语言编写程序的时候，不需要考虑像"如何管理程序使用内存"这一类的底层细节。

5．可移植性

由于它的开源本质，Python 已经被移植在许多平台上。如果用户想避免程序依赖于系统，那么所有 Python 程序无须修改就可以在下述任何平台上面运行。这些平台包括 Linux、Windows、FreeBSD、Macintosh、Solaris、OS/2、Amiga、AROS、AS/400、BeOS、OS/390、z/OS、Palm OS、QNX、VMS、Psion、Acom RISC OS、VxWorks、PlayStation、Sharp Zaurus、Windows CE，甚至还有 PocketPC。

6．解释性

一个用编译性语言如 C 或 C++语言编写的程序，可以从源文件（即 C 或 C++语言）转换为计算机使用的语言（二进制代码）。这个过程通过编译器和不同的标记、选项完成。当运行程序的时候，连接/转载器软件把程序从硬盘复制到内存中，并运行。

然而 Python 语言编写的程序不需要编译成二进制代码，可以直接从源代码运行程序。在计算机内部，Python 解释器把源代码转换成字节码的中间形式，然后再把它翻译成计算机使用的机器语言并运行。事实上，由于使用者不需要担心如何编译程序、如何确保连接转载正确的库等，这样使得使用 Python 更加简单：只需要把 Python 程序复制到另外一台计算机上就可以工作，这也使得 Python 程序更加易于移植。

7．面向对象

Python 不仅支持面向过程的编程，而且也支持面向对象的编程。在面向过程的语言中，程序是由过程或仅仅是可重用代码的函数构建起来的。在面向对象的语言中，程序是由数据和功能组合而成的对象构建起来的。与其他主要的语言如 C++和 Java 相比，Python 以一种非常强大又简单的方式实现面向对象编程。

8．可扩展性

如果使用者需要一段关键代码运行得更快或者希望某些算法不公开，可以把部分程序用 C 或 C++语言编写，然后在 Python 程序中使用它们。

9．可嵌入性

使用者可以把 Python 嵌入 C/C++程序，从而向程序用户提供脚本功能。

10．丰富的库

Python 标准库十分庞大，它可以帮助完成很多任务，包括正则表达式、文档生成、单元测试、线程、数据库、Web 浏览器、CGI、FTP、电子邮件、XML、XML-RPC、HTML、WAV 文件、密码系统、GUI（图形用户界面）、Tk 和其他与系统相关的操作。安装了 Python 之后，所有这些特性都是可用的。这被称为 Python 的"全功能"理念。除了标准库之外，还有许多其他高质量的库，如 wxPython、Twisted 和 Python 映像库。Python 确实是一种十分强大的语言，它合理地结合了高性能与编写程序简单的优点。

1.3 使用 Python 实现智能硬件应用的前景

Python 具有良好的跨平台能力，可以运用在 Linux 和 Windows 系统上，也可以在树莓派（Raspberry Pi）这样的单板计算机上使用。然而，随着 Python 的日益普及，人们可能会问，Python 在实时嵌入式系统中是否有一席之地？答案是肯定的。下面是开发人员在实时嵌入式系统开发中发现 Python 的五个主要应用场景：

1．设备调试和控制

在嵌入式软件开发中，开发人员经常需要分析总线流量，如 USB、SPI 或 I2C。有些分析仅用于调试目的，但有时需要控制总线分析器并将信息发送到嵌入式系统。许多总线分析器和通信工具都有一个友好的用户界面，可以用来控制工具。他们通常还提供了一种开发脚本和控制工具的方法。Python 是一种普遍支持的脚本语言，有时是一些工具或控制工具的接口。

2．自动化测试

通过 Python 控制工具在嵌入式系统中发送和接收消息的能力，使得使用 Python 构建自动化测试（包括回归测试）成为可能。Python 脚本可以将嵌入式系统设置为不同的状态，设置配置文件，测试系统和外部环境之间的所有可能的干扰和交互。使用 Python 开发自动化测试的好处是回归测试可以开发持续测试并培训系统。任何由代码更改导致的 bug 或不合格结果将被实时检测到。

3．数据分析

只要通过 Web 搜索 Python 库，就会发现有许多免费的、功能强大的 Python 库可用来开发应用程序。Python 可用于接收非常重要的嵌入式系统数据，然后将其存储在数据库中或本地分析。开发人员还可以使用 Python 开发实时可视化功能，以显示关键参数或将它们存储起来供后续分析使用。使用 Python 进行数据分析的优点之一，是当完成基本工作时，新特性的植入会更简单。

4. 实时软件

Python 已经证实了自己的强大性和易使用性，甚至可将它作为一门编程语言进入实时嵌入式系统。用于实时软件最广泛的 Python 版本是 MicroPython，大多是设计在 ARM Cortex-M3/4 微控制器上运行。MicroPython 并不孤立，Synapse 和 OpenMV 公司在嵌入式系统中既使用 MicroPython，也使用他们自己的 Python port。

5. 学习面向对象编程

Python 是一种免费的编程语言，可以跨多个平台使用，对于学生和非程序员来说非常简单。该语言与 C 语言不同，可以以自由格式的脚本类型或复杂的面向对象体系结构进行结构化。Python 本身也非常灵活，比如，没有编程经验的电气工程师可以使用 Python 编写有用的测试脚本，或在较短的时间内实施电板检查。

1.4 使用 Python 实现智能硬件应用的优势

Python 有一个交互式的开发环境，因为 Python 是解释运行，这大大节省了每次编译的时间。Python 语法简单，且内置有几种高级数据结构，如字典、列表等，使得使用起来特别简单。Python 具有大部分面向对象语言的特征，可完全进行面向对象编程。它可以在 MS-DOS、Windows、Windows NT、Linux、Soloris、Amiga、BeOS、OS/2、VMS、QNX 等多种操作系统上运行。

Python 语言可以用来作为批处理语言写一些简单工具、处理数据、作为其他软件的接口调试等。Python 语言可以作为函数语言进行人工智能程序的开发，具有 Lisp 语言的大部分功能。Python 语言可以作为过程语言进行常见的应用程序开发，可以和 VB 等语言一样应用。Python 语言可以作为面向对象语言，具有大部分面向对象语言的特征，常作为大型应用软件的原型开发语言，再用 C++改写，有些则直接用 Python 来开发。

1.5 本书选用的智能硬件

本书选用树莓派智能小车实现智能应用开发（见图 1-2），树莓派小车主要由一块树莓派核心控制板、四个直流减速电机、两节锂电池、三个超声波传感器、两个不怕光红外线传感器和两个底部的光传感器组成。其中，超声波传感器和红外线传感器可以实现避障功能，底部的光传感器可以实现循迹功能。

树莓派智能车核心控制板采用树莓派三代 B+ 型主板。树莓派是为学生计算机编程教育而设计，只有信用卡大小的卡片式计算机，其系统基于 Linux。

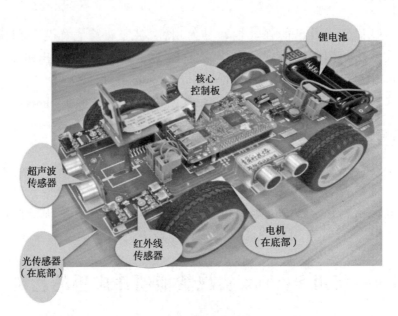

图 1-2　智能小车

1．核心控制板参数配置

树莓派结构如图 1-3 所示，其核心控制板参数配置如下：

（1）1.4 GHz 四核 Broadcom BCM2837B0 64 位处理器。

（2）板载 BCM43143 Wi-Fi。

（3）板载低功耗蓝牙 4.1 适配器（BLE）。

（4）1 GB RAM。

（5）四个 USB 2.0 端口。

（6）微型 SD 端口，用于存储操作系统及数据。

（7）CSI 摄像头端口，用于连接树莓派摄像头。

2．电机

（1）L298N 电机驱动芯片（可直接驱动智能车底盘四个电机并可提供 PWM 使能信号）。

（2）四个 1∶48 抗干扰直流减速电机（工作电压 3～6 V）。

3．电源

（1）LM2596S 开关电源稳压电路（支持 6～12 V 宽电压输入，5 V 输出）。

（2）一个船型电源控制开关（可对整个系统起到很好的电源管理作用）。

（3）两节 5 000 mA 大容量 26650 电池，支持小车持续运转一个小时以上。

（4）带充电模块，可边充电边使用。

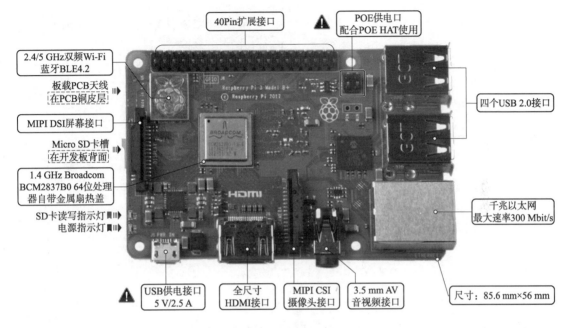

图 1-3 树莓派结构

4．红外传感器

（1）抗干扰性能强，在室外阳光直射下也能正常工作，实现精确避障。

（2）探测距离为 1～30 cm（探测距离的长短和供电电压、电流与周围环境有关）。

5．光传感器

（1）工作电压 3～5 V，工作电流 20～40 mA。

（2）探测距离为 2～10 cm（探测距离的长短与供电电压、电流及周围环境有关）。

6．超声波传感器

（1）电压：DC 5V；静态电流：小于 2 mA。

（2）感应角度：不大于 15°；探测距离：2～450 cm。

（3）高精度：可达 0.3 cm。

小　　结

　　本章介绍了 Python 的发展和优点，以及使用 Python 实现智能硬件的原因。Python 语言可以完美地结合智能硬件设计。本书的目的是使用 Python 实现智能小车的应用，所以还介绍了智能小车的组成部分和性能参数。智能小车项目的功能是使用 Python 编程实现的，下一章将介绍 Python 语法基础。

第2章 Python语法基础

任何一种编程语言都有一套自己的语法，编译器（或解释器）就是负责把符合语法的程序代码转换成CPU能够执行的机器码然后再执行，Python也不例外。本章主要介绍Python的基础知识。

2.1 Python数据类型

计算机是能够进行数学计算的机器，计算机程序可以处理各种不同的值。当然，计算机能处理的远不止数值。它还可以处理各种数据，如文本、图形、音频、视频和Web页面。不同的数据需要定义不同的数据类型。在Python中，可以直接被处理的数据类型是整数类型、浮点数类型、字符串类型、布尔值类型和空值类型。

1. 整数类型

Python可以处理任何整数，在程序中的表示方法和数学上的写法是一样的，例如1, 10, -100, 0等。

因为计算机使用二进制，所以，有时候用十六进制表示整数比较方便，十六进制用0x前缀和0~9、a~f表示，例如0xff11、0xbbb4c4f1等。

2. 浮点数类型

浮点数其实就是数学上的小数，之所以称为浮点数，是因为按照科学记数法表示时，一个浮点数的小数点位置是可变的，比如，2.22×10^2和22.2×10^1是完全相等的。浮点数可以使用数学写法，如 2.22，-3.14。但是对于很大或很小的浮点数，就必须得用科学记数法表示，把 10 用 e 替代，2.22×10^2 就是 2.22e2。

3．字符串类型

字符串是以单引号（'）或双引号（"）括起来的任意文本，比如'acv'、"hui"等。''或""本身只是一种表示方式，不是字符串的一部分，因此，字符串'acv'只有 a,c,v 这 3 个字符。如果"'"本身也是一个字符，那就可以用""""括起来，比如"I'm fine"包含的字符是 I、'、m、空格、f、i、n、e 这 8 个字符。

如果字符串内部既包含"'"又包含"""，可以用转义字符"\"来标识，比如：

```
'I\'m \"fine\"!'
```

表示的字符串内容是：

```
I'm "fine"!
```

转义字符"\"可以转义很多字符，比如"\n"表示换行，"\t"表示制表符，字符"\"本身也要转义，所以"\\"表示的字符就是"\"，可以在 Python 的交互式命令行用 print()打印字符串，比如：

```
>>> print('I\'m fine')
I'm fine
>>> print('I\'m like\nPython')
I'm like
Python
>>> print('\\\n\\')
\
\
```

如果字符串里面有很多字符都需要转义，就需要加很多"\"，为了简化，Python还允许用"r''"表示"''"内部的字符串默认不转义，比如：

```
>>> print('\\\t\\')
\	\
>>> print(r'\\\t\\')
\\\t\\
```

4．布尔值类型

布尔值与布尔代数完全相同。一个布尔值只有两个值，True 和 False。在 Python 中，可以使用 True 和 False 表示布尔值（请注意大小写），比如：

```
>>> True
True
>>> False
False
```

```
>>> 2>1
True
>>> 1>2
False
```

布尔值可以用 and、or 和 not 运算：

1）and

and 运算是与运算，只有所有都为 True 时，and 运算结果才是 True，比如：

```
>>> True and True
True
>>> True and False
False
>>> False and False
False
>>> 1>2 and 2>1
False
```

2）or

or 运算是或运算，只要其中有一个为 True，or 运算结果就是 True，比如：

```
>>> True or True
True
>>> True or False
True
>>> False or False
False
>>> 1>2 or 2>1
True
```

3）not

not 运算是非运算，它是一个单目运算符，True 变成 False，False 变成 True，比如：

```
>>> not True
False
>>> not False
True
>>> not 2>1
False
```

5. 空值类型

空值是 Python 里一个特殊的值，用 None 表示。但是，None 不能理解为 0，因为 0 是有意义的，而 None 是一个特殊的空值。

2.2 变　　量

变量是存储在内存中的值,这意味着创建一个变量时,将在内存中打开一个空间。根据变量的数据类型,解释器分配指定的内存并确定哪些数据可以存储在内存中。因此,变量可以指定不同的数据类型,这些数据类型可以存储整数、小数或字符。

1. 一个变量赋值

(1) 变量 v 是一个整数,比如:

```
v=0
```

(2) 变量 v_1 是一个字符串,比如:

```
v_1='v1'
```

(3) 变量 Answer 是一个布尔值 True,比如:

```
Answer=True
```

2. 多个变量赋值

(1) Python 可以同时为多个变量赋值,比如:

```
w=y=z=2
```

以上实例,创建一个整型对象,值为 2,三个变量被分配到相同的内存空间上。

(2) Python 可以为多个对象指定多个变量,比如:

```
w, y, z=1, 2, "tom"
```

以上实例,两个整型对象 1 和 2 分别分配给变量 w 和 y,字符串对象"tom"分配给变量 z。

2.3　Python 字符串

字符串是 Python 中最常用的数据类型,可以使用引号"'"或"""创建字符串。

1. 创建字符串

为变量分配一个值,即可创建一个字符串,比如:

```
var1='Hello Python!'
var2="Python Hello!"
```

2. 访问字符串中的值

Python 不支持单字符类型,单字符在 Python 中也是作为一个字符串使用。

Python访问子字符串,可以使用方括号来截取字符串,比如:

```
var1='Hello Python!'
var2="Python Hello!"
print("var1[1]: ", var1[1])
print("var2[1:4]: ", var2[1:4])
```

以上实例执行结果如下:

```
var1[1]:  e
var2[1:4]:  yth
```

3. 字符串更新

可以对已存在的字符串进行修改,并赋值给另一个变量,比如:

```
var1='Hello Python!'
print ("更新字符串 :- ", var1[:6]+'World!')
```

以上实例执行结果如下:

```
更新字符串 :-  Hello World!
```

4. 字符串格式化

Python支持格式化字符串的输出,尽管这可能使用非常复杂的表达式,但最基本的用法是使用字符串格式化程序"%s"将值插入到字符串中,比如:

```
#!/usr/bin/Python
Print("My school is %s and number is %d!" % ('qingniao', 1608060301))
```

以上实例执行结果如下:

```
My school is qingniao and number is 1608060301
```

2.4　Python使用list

1. 创建列表

创建一个列表,就是使用方括号括起来用逗号分隔的不同的数据项,比如:

```
list1=['wufan', 'wangkai', 1997, 1999]
list2=[1, 2, 3, 4, 5 ]
list3=["w", "x", "y", "z"]
```

与字符串的索引一样,列表索引从0开始。

2．访问列表中的值

使用下标索引来访问列表中的值，同样也可以使用方括号的形式截取字符，比如：

```
list1=['wufan', 'wangkai', 1997, 1999]
list2=[1, 2, 3, 4, 5, 6, 7 ]
print("list1[0]: ", list1[0])
print("list2[1:5]: ", list2[1:5])
```

以上实例执行结果如下：

```
list1[0]:  wufan
list2[1:5]:  [2, 3, 4, 5]
```

3．更新列表

可以对列表的数据项进行修改或更新，也可以使用 append()方法来添加列表项，比如：

```
list=[]                 ## 空列表
list.append('Hello')    ## 使用 append() 添加元素
list.append('Python')
print (list)
```

以上实例执行结果如下：

```
['Hello', 'Python']
```

4．删除列表元素

可以使用 del 语句来删除列表的元素，比如：

```
list1=['wufan', 'wangkai', 1997, 1999]
print (list1)
del list1[2]
print("After deleting value at index 2 : ")
print(list1)
```

以上实例执行结果如下：

```
['wufan', 'wangkai', 1997, 1999]
After deleting value at index 2 :
['wufan', 'wangkai', 1999]
```

5．列表截取

Python 的列表截取，比如：

```
>>>L=['wufan', 'wangkai', 'liangkang']
```

```
>>> L[2]
'liangkang'
>>> L[-2]
'wangkai'
>>> L[1:]
['wangkai', 'liangkang']
>>>
```

2.5　Python 使用 tuple

有一个有序的列表叫作 tuple，tuple 与 list 类似。但是一旦初始化了 tuple，就不能修改，并且没有 append()、insert() 等方法。

1．创建元组

（1）创建空元组，比如：

```
tup1=()
```

（2）创建只包含一个元素的元组，需要在元素后面添加逗号，比如：

```
tup1=(1,)
```

（3）创建包含多个元素的元组，比如：

```
tup1=('wufan', 'wangkai', 1997, 1999)
tup2=(1, 2, 3, 4, 5)
```

2．访问元组

元组可以使用下标索引来访问元组中的值，比如：

```
tup1=('wufan', 'wangkai', 1997, 1999)
tup2=(1, 2, 3, 4, 5, 6, 7)
print("tup1[0]: ", tup1[0])
print("tup2[1:5]: ", tup2[1:5])
```

以上实例执行结果如下：

```
tup1[0]:  wufan
tup2[1:5]:  (2, 3, 4, 5)
```

3．修改元组

元组中的元素值是不允许被修改的，但可以对元组进行连接组合，比如：

```
tup1=(00, 11.11)
tup2=('acv', 'wal')
tup3=tup1+tup2
```

```
print(tup3)
```

以上实例执行结果如下：

```
(00, 11.11, 'acv', 'wal')
```

4．删除元组

元组中的元素值是不允许删除的，但可以使用 del 语句来删除整个元组，比如：

```
tup=('wufan', 'wangkai', 1997, 1999)
print (tup)
del tup
print("After deleting tup : " )
print(tup)
```

以上实例执行结果如下：

```
('wufan', 'wangkai', 1997, 1999)
After deleting tup :
Traceback (most recent call last):
  File "test.py", line 9, in <module>
    print tup
NameError: name 'tup' is not defined
```

5．元组索引、截取

因为元组是一个序列，所以可以访问元组中指定位置的元素，也可以截取索引中的一段元素，比如：

```
L=('Python', 'Python', 'PYTHON!')
print(L[2])     # 读取第三个元素
print(L[-2])    # 反向读取，读取倒数第二个元素
print(L[1:])    # 截取元素，从第二个开始后的所有元素
```

以上实例执行结果如下：

```
PYTHON!
Python
('Python', 'PYTHON!')
```

2.6　Python 条件判断

因为计算机可以做出判断，所以它可以做许多自动化的任务。

比如，输入用户的年龄、按年龄打印不同内容，在 Python 程序中，使用 if 语句实现：

```
age=19
if age>=18:
    print('your age is', age)
    print('adult')
```

根据 Python 的缩进规则，如果 if 语句的值为 True，则会执行 print 语句中缩进的两行代码，否则不会执行任何操作。

当然，我们也可以在 if 中添加 else 语句，意思是如果 if 为 False，不执行 if，而执行 else：

```
age=5
if age>=18:
    print('your age is', age)
    print('adult')
else:
    print('your age is', age)
    print('teenager')
```

可以用 elif 做更细致的判断：

```
age=5
if age>=18:
    print('adult')
elif age>=6:
    print('teenager')
else:
    print('kid')
```

elif 是 else if 的缩写，可以有多个 elif，所以 if 语句的完整形式就是：

```
if <条件判断1>:
    <执行1>
elif <条件判断2>:
    <执行2>
elif <条件判断3>:
    <执行3>
else:
    <执行4>
```

if 语句的执行有一个特点，它是由上而下判断的，如果在某一判断中是 True，把该判断对应的语句执行后，剩余的 elif 和 else 被忽略，比如：

```
age=20
if age>=6:
    print('teenager')
elif age>=18:
    print('adult')
```

```
else:
    print('kid')
```

if 判断条件还可以简写，比如：

```
if x:
    print('True')
```

只要 x 是非零数值、非空字符串、非空 list 等，就判断为 True，否则为 False。

2.7 Python 循环

为了让计算机能进行成千上万次的重复运算，需要使用循环语句。Python 的循环有两种：一种是 for...in 循环，另一种是 while 循环。

1. for...in 循环

for...in 循环，依次把 list 或 tuple 中的每个元素迭代出来，比如：

```
names=['wufan', 'wangkai', 'liangkang']
for name in names:
    print(name)
```

以上实例执行结果如下：

```
Wufan
wangkai
liangkang
```

所以 for x in 循环就是把每个元素代入变量 x，然后执行缩进块的语句。

再比如计算 1~10 的整数之和，可以用一个 sum 变量做累加：

```
sum=0
for x in [1, 2, 3, 4, 5, 6, 7, 8, 9, 10]:
    sum=sum+x
print(sum)
```

2. while 循环

while 循环，只要条件满足，就不断循环，条件不满足时便退出循环。比如计算 1~50 所有偶数之和，就可以用 while 循环实现：

```
sum=0
n=50
while n>0:
    sum=sum+n
    n=n-2
print(sum)
```

在循环内部变量 n 不断自减,直到变为 0 时,不再满足 while 条件,循环退出。

3. break

在循环中,break 语句可以提前退出循环。比如,循环打印 1~50 的数字:

```
n=1
while n<=50
    print(n)
    n=n+1
print('END')
```

如果要提前结束循环,可以用 break 语句实现这一要求:

```
n=1
while n<=50
    if n>10:     # 当 n=11 时,条件满足,执行 break 语句
        break    # break 语句会结束当前循环
    print(n)
    n=n+1
print('END')
```

执行上面的代码可以看到,打印出 1~10 后,打印 END,程序结束。因此,break 语句的作用是提前结束循环。

4. continue

在循环过程中,也可以通过 continue 语句跳过当前的这次循环,直接开始下一次循环,比如:

```
n=0
while n<10:
    n=n+1
    print(n)
```

上面的程序可以打印出 1~10。但是,如果我们只想打印奇数,可以用 continue 语句跳过某些循环,比如:

```
n=0
while n<10:
    n=n+1
    if n % 2==0:        # 如果 n 是偶数,执行 continue 语句
        continue        # continue 语句会直接继续下一轮循环,后续的 print() 语句不
                        会执行
    print(n)
```

执行上面的代码可以看到,打印的不再是 1~10,而是 1,3,5,7,9。因此,continue 语句的作用是提前结束本轮循环,并直接开始下一轮循环。

2.8　Python 使用 dict

字典是另一个变量容器模型,可以存储任何类型的对象。

每个键和值之间用冒号分隔,每个键值对用逗号分隔,整个字典都包含在花括号{}中,格式如下:

```
d={key1 : value1, key2 : value2 }
```

键一般是唯一的,如果重复,最后一个键值对会替换前面的,值不需要唯一。

1. 创建字典

一个简单的字典实例:

```
dict={'wufan': '2341', 'wangkai': '9102', 'liangkang: '3258'}
```

也可如此创建字典:

```
dict1={'tom': 456};
dict2={'tom': 123, 98.6: 37};
```

2. 访问字典中的值

把相应的键放入方括号,比如:

```
dict={'Name': 'wangkai', 'Age': 18, 'Class': 'First'};
print("dict['Name']: ", dict['Name']);
print("dict['Age']: ", dict['Age']);
```

以上实例执行结果如下:

```
dict['Name']:  wangkai
dict['Age']:  18
```

如果用字典里没有访问数据的键,会输出错误如下:

```
dict={'Name': 'wangkai', 'Age': 20, 'Class': 'First'};
print("dict['Alice']: ", dict['Alice']);
```

以上实例执行结果如下:

```
Traceback (most recent call last):
  File "test.py", line 5, in <module>
    print("dict['Alice']: ", dict['Alice'];KeyError: 'Alice')
```

3. 修改字典

向字典添加新内容的方法是增加新的键/值对,或修改、删除已有的键/值对,比如:

```
dict={'Name': 'wangkai', 'Age': 20, 'Class': 'First'};
dict['Age']=30;
dict['School']="DPS School";
print ("dict['Age'], dict['Age'])
print ("dict['School']: ", dict['School']);
```

以上实例执行结果如下:

```
dict['Age']:  30
dict['School']:  DPS School
```

4．删除字典元素

能删除单一的元素也能清空字典,清空只需一项操作。显式删除一个字典用 del 命令,比如:

```
dict={'Name': 'wangkai', 'Age': 20, 'Class': 'First'};
del dict['Name'];        # 删除键是'Name'的条目
dict.clear();            # 清空词典所有条目
del dict;                # 删除词典
print("dict['Age']: ", dict['Age'];)
print("dict['School']: ", dict['School'];)
```

但这会引发一个异常,因为使用 del 后字典就不再存在:

```
Traceback (most recent call last):
  File "test.py", line 8, in <module>
    print("dict['Age']: ", dict['Age'];)
TypeError: 'type' object is unsubscriptable
```

2.9　Python 使用 set

set 类似于 dict,是一组 key 的集合,但不存储值。因为 key 不能重复,所以 set 中没有重复的 key。

1．创建 set 集合

需要提供一个 list 作为输入集合,才可创建一个 set,比如:

```
>>> s=set([1, 2, 3])
>>> s
{1, 2, 3}
```

重复元素在 set 中自动被过滤:

```
>>> s=set([1, 1, 2, 2, 3, 3])
>>> s
{1, 2, 3}
```

2. 向 set 集合中添加元素

通过 add(key) 方法可以添加元素到 set 中,可重复添加,但不会有效果,比如:

```
>>> s.add(4)
>>> s
{1, 2, 3, 4}
>>> s.add(4)
>>> s
{1, 2, 3, 4}
```

3. 删除 set 集合元素

通过 remove(key) 方法可以删除元素,比如:

```
>>> s.remove(4)
>>> s
{1, 2, 3}
```

2.10 Python 函数

1. 简介

如果计算一个圆的面积,给定半径值,带入公式即可算出,但是,计算多个不同大小的圆的面积,用这种传统的方法就会很麻烦,利用函数,就不需要每次都输入圆的公式这一行代码。

基本上所有的高级语言都支持函数,Python 也不例外。Python 不但能非常灵活地定义函数,而且本身内置了很多有用的函数,可以直接调用。

2. 调用函数

定义函数首先给函数一个名称,然后指定函数中包含的参数和代码块的结构。这个函数的基本结构完成后,可以通过另一个函数调用执行,或者直接从 Python 提示符执行,比如:

```
>>> abs(1)
1
>>> abs(-1)
1
>>> abs(11.11)
11.11
```

在调用函数时,如果传递的参数数量不正确,则会报类型错误。例如,Python 会明确地告诉你:abs() 有且仅有一个数,但给出了两个。比如:

```
>>> abs(1, 2)
Traceback (most recent call last):
  File "<stdin>", line 1, in <module>
TypeError: abs() takes exactly one argument (2 given)
```

如果传入的参数数量是对的,但参数类型不能被函数所接受,也会报 TypeError 的错误,并且给出错误信息:str 是错误的参数类型。比如:

```
>>> abs('apple')
Traceback (most recent call last):
  File "<stdin>", line 1, in <module>
TypeError: bad operand type for abs(): 'str'
```

max()函数可以接收任意多个参数,并返回最大的那个参数,比如:

```
>>> max(1, 2)
2
>>> max(1, 2, 3, -1)
3
```

3. 定义函数

在 Python 中,定义函数使用 def 语句,该语句依次写入函数名、括号、圆括号中的参数和冒号,然后,函数体被写入缩进块中,函数的返回值与 return 语句一起返回。下面是定义函数的语法:

```
def functionname(parameters):
    function_suite
    return [expression]
```

比如,自定义一个求绝对值的 my_abs()函数:

```
def my_abs(a):
    if a>=0:
        return a
    else:
        return -a
print(my_abs(-99))    #调用函数
```

4. 函数的参数

在定义函数时,确定参数的名称、位置、函数的接口。对于函数的调用者,只需要知道如何传递正确的参数,以及函数将返回什么类型的值即可。函数内部的复杂逻辑被封装,调用者不需要理解。

Python 函数定义简单,但是灵活性非常大。除了通常定义的强制参数外,还可以使用默认参数、可变参数和关键字参数,这样函数定义的接口不仅可以处理复杂的参数,还可以简化调用者的代码。

1）位置参数

比如，计算 a^3 的函数：

```
def power(a):
    return a*a*a
```

对于 power(a) 函数，参数 a 就是一个位置参数。

调用 power() 函数时，必须传入有且仅有的一个参数 a：

```
>>> power(1)
1
>>> power(10)
1000
```

如果要计算 a^5，可以再定义一个 power() 函数，但是如果要计算 a^6、a^7……我们不可能定义无限多个函数。但可以把 power(a) 修改为 power(a, n)，用来计算 a^n：

```
def power(a, n):
    x=1
    while n>0:
        n=n-1
        x=x*a
    return x
```

对于这个修改后的 power(a, n) 函数，可以计算任意 n 次方：

```
>>> power(1,3)
1
>>> power(10,3)
1000
```

修改后的 power(a, n) 函数有两个参数：a 和 n，这两个参数都是位置参数，调用函数时，传入的两个值按照位置顺序依次赋给参数 a 和 n。

2）默认参数

新的 power(a, n) 函数定义没有问题，但是旧的调用代码失败了，因为我们添加了一个参数，导致旧代码不能正确调用：

```
>>> power(1)
Traceback (most recent call last):
  File "<stdin>", line 1, in <module>
TypeError: power() missing 1 required positional argument: 'n'
```

Python 错误消息很清楚：调用函数 power() 缺少一个位置参数 n。这时，默认参数就派上用场了。因为我们经常计算 2 次方，我们完全可以设置第二个参数的默认值 n=2：

```
def power(a, n=2):
    x=1
    while n>0:
        n=n-1
        x=x*a
    return x
```

这样,当调用 power(1)时,相当于调用 power(1, 2):

```
>>> power(1)
1
>>> power(1,2)
1
```

对于其他 n>2 的情况,必须显式地传递 n,比如 power(1,3)。

从上面的示例中可以看到,默认参数可以简化函数的调用。在设置默认参数时,有一些事情需要记住:

首先,需要的参数在前面,默认参数在后面,否则 Python 解释器将报告一个错误。

其次是如何设置默认参数,当函数有多个参数时,将变化较大的参数放在前面,将变化较小的参数放在后面。一个小的更改参数可以用作默认参数。

比如,编写一个函数来注册一年级的大学生,需要传入姓名和性别这两个参数:

```
def enroll(name, sex):
    print('name:', name)
    print('sex:', sex)
```

这样,调用 enroll()函数只需要传入两个参数:

```
>>> enroll('xiewei', 'M')
name: xiewei
sex: M
```

如果要继续传入年龄、城市等信息,这样会使得调用函数的复杂度大大增加。因此,我们可以把年龄和城市设为默认参数:

```
def enroll(name, sex, age=20, city='qingdao'):
    print('name:', name)
    print('sex:', sex)
    print('age:', age)
    print('city:', city)
```

这样,大多数学生注册时不需要提供年龄和城市,只提供必需的两个参数即可,比如:

```
>>> enroll('xiewei', 'M')
name: xiewei
```

```
sex: M
age: 20
city: qingdao
```

只有与默认参数不符的学生才需要提供额外的信息：

```
enroll('liqing', 'F', 21)
enroll('luyue', 'M', city='Beijing')
```

可以看出，默认参数减少了函数调用的难度，当需要更复杂的调用时，可以传递更多的参数来实现。无论是简单调用还是复杂调用，函数只需要定义一个。

当有多个默认参数，调用时，可以提供默认参数，如调用 enroll('liqing', 'F', 21)，也就是说，除了 name、sex 这两个参数外，最后一个参数是应用于参数 age，而这个 city 参数，默认值仍然使用。

一些默认参数也可以不顺序提供。如果没有按顺序提供一些默认参数，则需要编写参数名称。比如，call enroll('luyue', 'M', city='Beijing')，这意味着 city 参数使用传入的值，而其他默认参数继续使用默认值。

默认参数是有用的，但如果不正确使用，则可以删除它们。默认参数有很大的陷阱，比如：

首先定义一个函数，传入一个 list，添加一个 END，返回：

```
def add_end(X=[]):
    X.append('END')
    return X
```

当正常调用时，执行结果正确：

```
>>> add_end([1, 2, 3])
[1, 2, 3, 'END']
>>> add_end(['a', 'b', 'c'])
['a', 'b', 'c', 'END']
```

当使用默认参数调用时，一开始执行结果正确：

```
>>> add_end()
['END']
```

但是，再次调用 add_end() 时，执行结果出错：

```
>>> add_end()
['END', 'END']
>>> add_end()
['END', 'END', 'END']
```

在定义 Python 函数时，计算默认参数 X 的值，即[]，因为默认参数 X 也是一个变量，它指向对象[]。每次调用函数时，如果 X 的内容发生了更改，那么下一次调用时，默认参数的内容将发生更改，而不是定义函数时的[]函数。

要修改上面的例子,我们可以使用 None 这个不变对象来实现这一点:

```
def add_end(X=None):
    if X is None:
        X=[]
    X.append('END')
    return X
```

现在,无论调用多少次,都不会有问题:

```
>>> add_end()
['END']
>>> add_end()
['END']
```

设计不变的对象比如 str 和 None 是因为一旦创建了不变对象,就无法修改对象内部的数据,从而减少了修改数据造成的错误。另外,由于对象不改变,在多任务环境中对象不会同时锁定,同时读取也没有问题。当我们写程序的时候,如果能设计一个不变的对象,就可以试着把它设计成一个不变的对象。

3)可变参数

可变参数也可以在 Python 函数中定义。顾名思义。可变参数是指传入的参数个数是变量。

以一道数学题为例:给定一组数字 m、n、x…请计算 $m^2+n^2+x^2 +…$

要定义这个函数,必须确定输入的参数。由于参数的数量是不确定的,我们首先考虑将 m、n、x…作为一个 list 或 tuple 传进来,这样,函数可以定义如下:

```
def calc(numbers):
    sum=0
    for n in numbers:
        sum=sum+n*n
    return sum
```

但是调用的时候,需要先组装出一个 list 或 tuple:

```
>>> calc([0,1,2])
5
>>> calc((2,4,6))
56
```

如果利用可变参数,调用函数的方式可以简化成这样:

```
>>> calc(0,1,2)
5
>>> calc(2,4,6)
56
```

所以,我们把函数的参数改为可变参数:

```
def calc(*numbers):
    sum=0
    for n in numbers:
        sum=sum+n*n
    return sum
```

定义可变参数和定义一个 list 或 tuple 参数相比，仅仅在参数前面加了一个*号。在函数内部，参数 numbers 接收到的是一个 tuple，因此，函数代码完全不变。但是，调用该函数时，可以传入任意个参数，包括0个参数：

```
>>> calc(0, 2)
4
>>> calc()
0
```

如果已经有一个 list 或者 tuple，要调用一个可变参数，比如：

```
>>> nums=[0, 1, 2]
>>> calc(nums[0], nums[1], nums[2])
5
```

这种写法当然是可行的，关键是太烦琐，所以 Python 允许在 list 或 tuple 前面加一个*号，把 list 或 tuple 的元素变成可变参数传进去：

```
>>> nums=[0, 1, 2]
>>> calc(*nums)
5
```

*nums 表示把 nums 这个 list 的所有元素作为可变参数传进去。这种写法相当有用，而且十分常见。

4）关键字参数

变量参数允许传递 0 或任意数量的参数，这些参数在调用函数时自动组合成 tuple。关键字参数允许传入 0 或任何具有参数名称的参数，这些参数名称自动组装到函数内部的 dict 中，比如：

```
def person(name, age, **kw):
    print('name:', name, 'age:', age, 'other:', kw)
```

函数 person()除了必选参数 name 和 age 外，还接收关键字参数 kw。在调用该函数时，可以只传入必选参数，比如：

```
>>> person('xiewei', 20)
name: xiewei age: 20 other: {}
```

也可以传入任意个数的关键字参数，比如：

```
>>> person('liqing', 20, city='qingdao')
name: liqing age: 20 other: {'city': 'qingdao'}
```

```
>>> person('luyue', 20, sex='M', job='student')
name: luyue age: 20 other: {'sex': 'M', 'job': 'student'}
```

关键字参数可以扩展函数的功能。例如，在person()函数中，保证可以接收两个参数——名称和年龄，但是如果调用者愿意提供更多的参数，也可以接收它。假设正在执行一个用户注册函数，除了用户名和年龄，所有其他选项都是可用的，使用关键字参数定义此函数将满足注册要求。

与可变参数类似，可以首先组装一个dict，然后把该dict转换为关键字参数传进去，比如：

```
>>> extra={'city': 'qingdao', 'job': 'student'}
>>> person('zhangqiang', 19, city=extra['city'], job=extra['job'])
name: zhangqiang age: 19 other: {'city': 'qingdao', 'job': 'student'}
```

当然，上面复杂的调用可以用简化的写法：

```
>>> extra={'city': 'qingdao', 'job': 'student'}
>>> person('zhangqiang', 19, **extra)
name: zhangqiang age: 19 other: {'city': 'qingdao', 'job': 'student'}
```

extra 表示把 extra 这个 dict 的所有 key-value 用关键字参数传入到函数的kw参数，kw将获得一个dict，注意，kw获得的dict是extra的一份副本，对kw的改动不会影响到函数外的extra。

5）命名关键字参数

对于关键字参数，函数的调用者可以传入任意不受限制的关键字参数。至于到底传入了哪些，就需要在函数内部通过kw检查。

以person()函数为例，我们希望检查是否有city和job参数：

```
def person(name, age, **kw):
    if 'city' in kw:
        # 有city参数
        pass
    if 'job' in kw:
        # 有job参数
        pass
    print('name:', name, 'age:', age, 'other:', kw)
```

但是调用者仍可以传入不受限制的关键字参数：

```
>>> person('zhangqiang',19,city='qingdao',addr='laoshanqu', zipcode=123456)
```

如果要限制关键字参数的名字，就可以用命名关键字参数。比如，只接收city和job作为关键字参数：

```
def person(name, age, *, city, job):
```

```
    print(name, age, city, job)
```

和关键字参数 **kw 不同，命名关键字参数需要一个特殊分隔符 "*"，"*" 后面的参数被视为命名关键字参数。调用方式如下：

```
>>> person('zhangqiang', 19, city='qingdao', job='student')
zhangqiang 19 qingdao student
```

如果函数定义中已经有了一个可变参数，后面跟着的命名关键字参数就不再需要一个特殊分隔符 "*"，比如：

```
def person(name, age, *args, city, job):
    print(name, age, args, city, job)
```

命名关键字参数必须传入参数名，这和位置参数不同。如果没有传入参数名，调用将报错，比如：

```
>>> person('zhangqiang', 19, 'qingdao', 'student')
Traceback (most recent call last):
  File "<stdin>", line 1, in <module>
TypeError: person() missing 2 required Reyword-only arguments: 'city'
    and 'job'
```

由于调用时缺少参数名 city 和 job，Python 解释器把这四个参数均视为位置参数，但 person() 函数仅接受两个位置参数。

命名关键字参数可以有默认值，从而简化调用：

```
def person(name, age, *, city='Beijing', job):
    print(name, age, city, job)
```

由于命名关键字参数 city 有默认值，调用时，可不传入 city 参数：

```
>>> person('zhangqiang', 19, job='student')
zhangqiang 19 Beijing student
```

使用命名关键字参数时，要特别注意，如果没有可变参数，就必须加一个 "*" 作为特殊分隔符。如果缺少 "*"，Python 解释器将无法识别位置参数和命名关键字参数，比如：

```
def person(name, age, city, job):
    # 缺少 *，city 和 job 被视为位置参数
    pass
```

6）参数组合

要在 Python 中定义函数，可以使用强制参数、默认参数、变量参数、关键字参数和命名关键字参数，这五个参数可以组合起来。但是，定义参数的顺序必须是：必选参数、默认参数、可变参数、命名关键字参数和关键字参数。

比如，定义一个包含以上几个参数的函数：

```
def f1(x, y, z=0, *args, **kw):
    print('x=', x, 'y=', y, 'z=', z, 'args=', args, 'kw=', kw)
def f2(x, y,z=0, *, a, **kw):
    print('x=', x, 'y=', y, 'z=', z, 'a=', a, 'kw=', kw)
```

在函数调用的时候，Python 解释器自动按照参数位置和参数名把对应的参数传进去，比如：

```
>>> f1(1,2)
x=1 y=2 z=0 args=() kw={}
>>> f1(1,2, c=3)
x=1 y=2 z=0 args=() kw={'c': 3}
>>> f1(1, 2, 3, 'x','y')
x=1 y=2 z=3 args=('x','y') kw={}
>>> f1(1, 2, 3, 'x','y',w=99)
x=1 y=2 z=3 args=('x','y') kw={'w': 99}
>>> f2(1, 2, a=99, ext=None)
x=1 y=2 z=0 a=99 kw={'ext': None}
```

通过一个 tuple 和 dict，也可以调用上述函数：

```
>>> args=(1, 2, 3, 4)
>>> kw={'a': 99, 'w': '#'}
>>> f1(*args, **kw)
x=1 y=2 z=3 args=(4,) kw={'a': 99, 'w': '#'}
>>> args=(1, 2, 3)
>>> kw={'a': 88, 'w': '#'}
>>> f2(*args, **kw)
x=1 y=2 z=3 a=88 kw={'w': '#'}
```

所以，对于任意函数，无论它的参数是如何定义的，都可以通过类似 func(*args, **kw)的形式调用它。

5．递归函数

在函数内部，可以调用其他函数。如果一个函数在内部调用本身，这个函数就是递归函数。递归函数的优点是定义简单，逻辑清晰。理论上，所有递归函数都可以在循环中编写，但是循环的逻辑并不像递归那样清晰。

比如，我们来计算阶乘 $n!=1\times 2\times 3\times \cdots \times n$，用函数 fact(n)表示，可以看出：fact(n)=n!=1×2×3×⋯×(n-1)×n=(n-1)!×n=fact(n-1)×n 所以，fact(n)可以表示为 n×fact(n-1)，只有 n=1 时需要特殊处理。于是，fact(n)用递归的方式写出来就是：

```
def fact(n):
    if n==1:
        return 1
```

```
    return n*fact(n-1)
```

上面就是一个递归函数。

```
>>> fact(1)
1
>>> fact(5)
120
>>> fact(100)
93326215443944152681699238856266700490715968264381621468592963895217599993229915608941463976156518286253697920827223758251185210916864000000000000000000000000
```

如果我们计算 fact(5)，可以根据函数定义看到计算过程如下：

```
===> fact(5)
===> 5*fact(4)
===> 5*(4*fact(3))
===> 5*(4*(3*fact(2)))
===> 5*(4*(3*(2*fact(1))))
===> 5*(4*(3*(2*1)))
===> 5*(4*(3*2))
===> 5*(4*6)
===> 5*24
===> 120
```

2.11 案 例 精 选

【例 2-1】 求 100 以内能被 8 整除但不能同时被 5 整除的所有整数。

程序代码如下：

```
for i in range(1,101):
    if i%8==0 and i%5!=0:
        print(i)
```

将程序保存为 ex2_1.py。运行程序：

```
python ex2_1.py
```

程序运行结果如下：

```
8
16
24
32
48
56
```

```
64
72
88
96
```

【例 2-2】输入一个正整数,判断是几位数并依次打印个位、十位、百位……

程序代码如下:

```
a=input()
b=len(a)
a=int(a)
for i in range(b):
    n=a%10
    a=a//10
    print(n)
print('{}位数'.format(b))
```

将程序保存为 ex2_2.py。运行程序:

```
python ex2_2.py
```

程序运行结果如下:

```
123456
6
5
4
3
2
1
6 位数
```

【例 2-3】如果一个 3 位数各位数字的立方和等于该数自身,则称该数为"水仙花数",例如,$153=1^3+5^3+3^3$,所以 153 是一个水仙花数。求 1 到 1 000 所有的"水仙花数"。

程序代码如下:

```
for i in range(1, 1000):
    sum=0
    temp=i
    while temp:
        sum=sum+(temp%10)*(temp%10)*(temp%10)
        temp=int(temp/10)
    if sum==i:
        print(i)
```

将程序保存为 ex2_3.py。运行程序:

```
python ex2_3.py
```

程序运行结果如下:

```
1
153
370
371
407
```

【例 2-4】请输入若干个整数,求平均值。

程序代码如下:

```
sum=0
dict={}
while True:
    key=input('Input key: ')
    if key== '':
        break
    value=input('Input value: ')
    dict[key]=value
for i in dict:
    sum=sum+int(dict[i])
print(sum/len(dict))
```

将程序保存为 ex2_4.py。运行程序:

```
python ex2_4.py
```

程序运行结果如下:

```
Input key:0
Input value:1
Input key:1
Input value:2
Input key:2
Input value:5
Input key:
2.6666666666666665
```

【例 2-5】鸡兔同笼问题:今有雉兔同笼,上有三十五头,下有九十四足,问雉兔各几何?

程序代码如下:

```
for c in range(0,36):
    for r in range(0,36):
        if(c+r==35 and 2*c+4*r==94):
            print('鸡共有{}只,兔共有{}只'.format(c,r))
```

将程序保存为 ex2_5.py。运行程序:

```
python ex2_5.py
```

程序运行结果如下:

```
鸡共有23只,兔共有12只
```

【例2-6】使用循环语句实现下面要求:
(1)使用序列迭代法,显示列表['hello', 'world', 'python']。
(2)使用序列索引迭代法,显示列表['hello', 'world', 'python']。
(3)使用数字迭代法显示七个数字。
(1)程序代码如下:

```
s=['hello', 'world', 'python']
for i in s:
    print(i)
print('\n')
```

将程序保存为 ex2_6_1.py。运行程序:

```
python ex2_6_1.py
```

程序运行结果如下:

```
hello
world
python
```

(2)程序代码如下:

```
s2=['hello', 'world', 'python']
for i in range(len(s2)):
    print(i, s2[i])
print('\n')
```

将程序保存为 ex2_6_2.py。运行程序:

```
python ex2_6_2.py
```

程序运行结果如下:

```
0 hello
1 world
2 python
```

(3)程序代码如下:

```
x=range(7)
for i in x:
```

```
        print(i, x[i])
print('\n')
```

将程序保存为 ex2_6_3.py。运行程序：

```
python ex2_6_3.py
```

程序运行结果如下：

```
0 0
1 1
2 2
3 3
4 4
5 5
6 6
```

【例 2-7】有一对兔子，从出生后第三个月起每个月都生一对兔子，小兔子长到第三个月后每个月又生一对兔子，假如兔子都不死，每个月兔子总数为多少？

程序分析：兔子的规律为数列 1，1，2，3，5，8，13，21……

程序代码如下：

```
f1=1
f2=1
for i in range(1,22)
    print('%12ld %12ld'%(f1,f2), end=" ")
    if(i%3)==0:
        print('')
    f1=f1+f2
    f2=f1+f2
```

将程序保存为 ex2_7.py。运行程序：

```
python ex2_7.py
```

程序运行结果如下：

```
       1            1            2            3            5            8
      13           21           34           55           89          144
     233          377          610          987         1597         2584
    4181         6765        10946        17711        28657        46368
   75025       121393       196418       317811       514229       832040
 1346269      2178309      3524578      5702887      9227465     14930352
24157817     39088169     63245986    102334155    165580141    267914296
```

【例 2-8】斐波那契数列。

程序分析：斐波那契数列，又称黄金分割数列，指的是这样一个数列：1、1、2、3、5、8、13、21、34……在数学上，斐波那契数列是以递归的方法来定义：

$$F_0=0 \ (n=0)$$
$$F_1=1 \ (n=1)$$
$$F_n=F_{[n-1]}+F_{[n-2]} \ (n \geq 2)$$

程序代码如下:

```
def fib(n):
    if n==1:
        return [1]
    if n==2:
        return [1,1]
    fibs=[1, 1]
    for i in range(2,n):
        fibs.append(fibs[-1]+fibs[-2])
    return fibs
#输出前十个斐波那契数列
print(fib(10))
```

将程序保存为 ex2_8.py。运行程序:

```
python ex2_8.py
```

程序运行结果如下:

```
[1, 1, 2, 3, 5, 8, 13, 21, 34, 55]
```

【例 2-9】利用递归函数调用的方式,将从键盘输入的字符反序输出。

程序代码如下:

```
def output(s, l):
    if l==0:
        return
    print(s[l-1])
    output(s,l-1)
s=input('Input a string: ')
l=len(s)
output(s,l)
```

将程序保存为 ex2_9.py。运行程序:

```
python ex2_9.py
```

程序运行结果如下:

```
Input a string: ergfght
t
h
g
f
```

小　　结

　　本章介绍了 Python 的基础语法，包括数据类型、变量，并详细介绍了 Python 字符串、列表和元组的使用方法。此外，Python 条件判断语句和循环语句也是重点部分，读者要掌握条件判断的 if 语句和两种循环语句(for...in 循环和 while 循环)的使用。同时，本章还介绍了变量容器模型 dict 字典和 set 集合，dict 可以存储任何类型的对象，set 与 dict 相似但不存储值。与其他语言一样，Python 也需要执行完成相关功能的函数，将功能模块化处理。同时介绍了 Python 函数的调用和定义，调用函数只需知道如何传递正确的参数和函数将返回什么样的值即可，定义函数需要确定参数的名称和位置，函数定义虽然简单，但灵活性非常大。函数的参数是本章的重点内容之一，读者需要学习除通常定义的强制参数外，位置参数、默认参数、可变参数和关键字参数，以及参数组合的使用。本章还简单介绍了 Python 递归函数。

第 3 章 Python高级特性

在 Python 中,代码越少越好,越简单越好,并且代码越少,开发效率越高。基于这一思想,Python 高级特性尤为重要,本章将会详细介绍 Python 高级特性。

3.1 切 片

在许多编程语言中,字符串有许多类型的截取函数,其目的是对字符串进行切片。然而,Python 没有字符串截取函数,它只需要切片操作就可以完成。

取一个 list 或 tuple 的部分元素是常见的操作。

1. list 实例

```
>>> L=['xiewei', 'liqing', 'luyue', 'zhangqiang', 'xuhao']
```

取前 3 个元素:

```
>>> [L[0], L[1], L[2]]
['xiewei', 'liqing', 'luyue']
```

但是,用以上方法取前 N 个元素显得过于麻烦。取前 N 个元素,也就是索引为 0~(N−1) 的元素,可以用循环:

```
>>> a=[]
>>> n=3
>>> for i in range(n):
        a.append(L[i])
```

```
>>> a
['xiewei', 'liqing, 'luyue']
```

循环对于这种通常采用指定索引范围的操作是非常麻烦的。因此,Python 提供了一个切片(Slice)操作符,极大地简化了这个操作。

对应以上问题,取前 3 个元素,用一行代码即可完成切片:

```
>>> L[0:3]
['xiewei', 'liqing', 'luyue']
```

L[0:3]表示,从索引 0 开始取,直到索引 3 为止,但不包括索引 3,即索引 0,1,2,正好是 3 个元素。

如果第一个索引是 0,还可以省略,比如:

```
>>> L[:3]
['xiewei', 'liqing', 'luyue']
```

也可以从索引 1 开始,取出 2 个元素,比如:

```
>>> L[1:3]
['liqing', 'luyue']
```

类似的,Python 支持 L[-1]取倒数第一个元素,那么它同样支持倒数切片,比如:

```
>>> L[-2:]
['zhangqiang', 'xuhao']
>>> L[-2:-1]
['zhangqiang']
```

切片操作十分有用,先创建一个 0~50 的数列:

```
>>> L=list(range(50))
>>> L
[0, 1, 2, 3, ..., 49]
```

可以通过切片轻松取出某一段数列。比如前 10 个数:

```
>>> L[:10]
[0, 1, 2, 3, 4, 5, 6, 7, 8, 9]
```

后 10 个数:

```
>>> L[-10:]
[40, 41, 42, 43, 44, 45, 46, 47, 48, 49]
```

11~20 个数:

```
>>> L[10:20]
```

```
[10, 11, 12, 13, 14, 15, 16, 17, 18, 19]
```

前10个数,每两个取一个:

```
>>> L[:20:2]
[0, 2, 4, 6, 8, 10, 12, 14, 16, 18, 20]
```

所有数,每5个取一个:

```
>>> L[::5]
[0, 5, 10, 15, 20, 25, 30, 35, 40, 45, 50]
```

甚至什么都不写,只写[:]就可以原样复制一个list:

```
>>> L[:]
[0, 1, 2, 3, ..., 49]
```

2. tuple 实例

tuple 也是一种 list,唯一区别是 tuple 不可变。因此,tuple 也可以用切片操作,只是操作的结果仍是 tuple:

```
>>> (0, 1, 2, 3, 4, 5)[:2]
(0, 1)
```

3.2 迭 代

给定一个列表或元组,可以通过 for 循环遍历 list 或 tuple,我们将其称为迭代(Iteration)。

在 Python 中,迭代是通过 for...in 来完成的。在许多语言中,迭代 list 是由下标来完成的,比如 C 语言代码:

```
for (x=0; x<list.length; x++) {
    l=list[i];
}
```

可以看到 Python 的 for 循环比 C 语言的 for 循环更抽象,因为 Python 的 for 循环不仅可以用于 list 或 tuple,还可以用于其他可迭代对象。

list 这种数据类型有下标,但许多其他数据类型没有下标,只要它是可迭代对象,就可以使用或不使用下标进行迭代,比如 dict 可以迭代:

```
>>> d={'x': 0, 'y': 1, 'z': 2}
>>> for key in d:
        print(key)

x
y
z
```

因为 dict 的存储不是按照 list 的顺序排列的，所以迭代结果的顺序可能会有所不同。

默认情况下，dict 迭代的是 key。如果要迭代 value，可以用 for value in a.values()。如果要同时迭代 key 和 value，可以用 for k, v in a.items()。

由于字符串也是可迭代对象，它们也可以用于 for 循环，比如：

```
>>> for x in 'NBA':
        print(x)

N
B
A
```

因此，当使用 for 循环时，只要作用于一个可迭代对象，for 循环就可以正常运行，一般不太关心对象是 list 还是其他数据类型。

那么确定一个对象是可迭代对象的方法由 collections 模块的 Iterable 类型判断：

```
>>> from collections.abc import Iterable
>>> isinstance('xyz', Iterable)         # str是否可迭代
True
>>> isinstance([0,1,2], Iterable)       # list是否可迭代
True
>>> print (isinstance(012, Iterable))   # 整数是否可迭代
False
```

如果要对 list 实现类似 Java 那样的下标循环，Python 的内置 enumerate() 枚举函数可以将 list 转换为"索引-元素"对，以便在 for 循环中同时迭代索引和元素本身，比如：

```
>>> for a, value in enumerate(['N', 'B', 'A']):
        print(a, value)

0 N
1 B
2 A
```

上面的 for 循环里，同时引用了两个变量，在 Python 里是很常见的，比如：

```
>>> for m, n in [(1, 1), (2, 4), (4, 16)]:
        print(m, n)

1 1
2 4
4 16
```

3.3　列表生成式

列表生成式即 List Comprehensions，是 Python 内置的。它非常简单却功能强大，可以用来创建 list 的生成式。

比如，要生成 list [1, 2, 3, 4, 5]，可以用 list(range(1, 6))：

```
>>> list(range(1,6))
[1, 2, 3, 4, 5]
```

如果要生成[$1^2, 2^2, 3^2, 4^2, 5^2$]，首先会想到循环：

```
>>> L=[]
>>> for a in range(1,6):
        L.append(a*a)

>>> L
[1, 4, 9, 16, 25]
```

如果循环太烦琐，列表生成式则可以用一行语句代替循环生成上面的 list，比如：

```
>>> [a*a for a in range(1,11)]
[1, 4, 9, 16, 25, 36, 49, 64, 81, 100]
```

在编写列表生成时，将要生成的元素 x*x 放在前面，然后是 for 循环，可以创建 list。for 循环后面还可以有 if 判断，这样就可以筛选出仅偶数的平方，比如：

```
>>> [a*a for a in range(1,6) if a%2==0]
[4,16]
```

还可以使用两层循环，可以生成全排列，比如：

```
>>> [m+n for m in 'NBA' for n in 'XYZ']
['NX', 'NY', 'NZ', 'BX', 'BY', 'BZ', 'AX', 'AY', 'AZ']
```

使用列表生成，可以编写非常简洁的代码。比如，列出当前目录中的所有文件和目录名，这些名称可以在一行代码中实现：

```
>>> import os # 导入os模块
>>> [a for a in os.listdir('.')] # os.listdir可以列出文件和目录
['.emacs.a', '.ssh', '.Trash', 'Adlm', 'Applications', 'Desktop',
    'Documents', 'Downloads', 'Library', 'Movies', 'Music', 'Pictures',
    'Public', 'VirtualBox VMs', 'Workspace', 'XCode']
```

for 循环其实可以同时使用两个甚至多个变量，比如 dict 的 items() 可以同时迭代 key 和 value：

```
>>> x={'a': 'N', 'b': 'B', 'c': 'A' }
```

```
>>> for k, v in d.items():
        print(k, '=', v)
a=N
b=B
c=A
```

因此，列表生成式也可以使用两个变量来生成list，比如：

```
>>> x={'a': 'N', 'b': 'B', 'c': 'A' }
>>> [k+'='+v for k, v in x.items()]
['a=N', 'b=B', 'c=A']
```

最后把一个list中所有的字符串变成小写，比如：

```
>>> L=['Hello', 'PYTHON', 'JAVA', 'C++']
>>> [x.lower() for x in L]
['hello', 'python', 'java', 'c++']
```

3.4 生 成 器

通过生成列表，可以直接创建一个列表。然而，由于内存限制，列表容量是有限的。此外，创建一个包含100万个元素的列表不仅占用大量存储空间，而且如果只需要访问前几个元素，那么它后面的大多数元素占用的空间就会被浪费。那么，如果列表元素可以根据某种算法推导出来，我们能否在循环过程中继续求出后续的元素呢？这样就不需要创建完整的list，可以节省很多空间。在Python中，这种并行计算的机制称为生成器（generator）。

1. 创建 generator

要创建一个generator，有很多种方法。第一种方法很简单，只要把一个列表生成式的[]改成()，就创建了一个generator：

```
>>> L=[a*a for a in range(10)]
>>> L
[0, 1, 4, 9, 16, 25, 36, 49, 64, 81]
>>> g=(a*a for a in range(10))
>>> g
<generator object <genexpr> at 0x1022ef630>
```

创建L和g的区别仅在于最外层的[]和()，L是一个list，而g是一个generator。

2. 访问 generator 元素

如果要将generator元素一个一个打印出来，可以通过next()函数获得generator的下一个返回值：

```
>>> next(g)
0
>>> next(g)
1
>>> next(g)
4
>>> next(g)
9
>>> next(g)
16
>>> next(g)
25
>>> next(g)
36
>>> next(g)
49
>>> next(g)
64
>>> next(g)
81
>>> next(g)
Traceback (most recent call last):
  File "<stdin>", line 1, in <module>
StopIteration
```

generator 保存了算法，每次调用 next(g)时，计算 g 的下一个元素的值，在计算最后一个元素之前，没有更多的元素，并抛出 StopIteration 错误。

当然，这种对 next(g)的持续调用过于麻烦，一个简单的方法就是使用 for 循环，因为生成器也是一个可迭代对象，比如：

```
>>> g=(a*a for a in range(10))
>>> for x in g:
        print(x)

0
1
4
9
16
25
36
49
64
81
```

所以，我们创建了一个 generator 后，基本上永远不会调用 next()，而是通过 for 循环来迭代它，并且不需要关心 StopIteration 错误。

3.5 迭 代 器

以下几种类型的数据可以直接应用于 for 循环：

一种是集合数据类型，如 list、tuple、dict、set、str 等；一种是 generator，包括生成器和带 yield 的 generator function。

这些可以直接作用于 for 循环的对象统称为可迭代对象（Iterable）。我们可以使用 isinstance()来确定一个对象是否为可迭代对象，比如：

```
>>> from collections.abc import Iterable
>>> isinstance([], Iterable)
True
>>> isinstance({}, Iterable)
True
>>> isinstance('xyz', Iterable)
True
>>> isinstance((a for a in range(10)), Iterable)
True
>>> isinstance(100, Iterable)
False
```

生成器都是 Iterator 对象，但 list、dict、str 虽然是 Iterable，却不是 Iterator。把 list、dict、str 等 Iterable 变成 Iterator 可以使用 iter()函数，比如：

```
>>> from collections.abc import Iterable
>>> isinstance(iter([]), Iterator)
True
>>> isinstance(iter('xyz'), Iterator)
True
```

3.6 案 例 精 选

【例 3-1】利用切片操作实现 trim()函数，去除字符串首尾空格。

程序代码如下：

```
def trim(s):
    while s[:1]==' ':
        s=s[1:]
    while s[len(s)-1:]==' ':
        s=s[:len(s)-1]
    return s
```

```
m=input('Input a string: ')
l=len(m)
print(l)
print(trim(m))
print(len(trim(m)))
```

将程序保存为 ex3_1.py。运行程序：

python ex3_1.py

程序运行结果如下：

```
Input a string: wer
5
wer
3
```

【例 3-2】使用迭代查找一个列表中的最大值和最小值，并返回一个 tuple。
程序代码如下：

```
def findMinAndMax(l):
    if l==[]:
        return (None, None)
    else:
        a=l[0]
        b=l[0]
        for x in l:
            if x>a:
                a=x
            elif x<b:
                b=x
        return (b ,a)
m=eval(input("enter list: "))
print(findMinAndMax(m))
```

将程序保存为 ex3_2.py。运行程序：

python ex3_2.py

程序运行结果如下：

```
enter list: 1,23,34,2,56,0,100,45,23,768,45
(0, 768)
```

【例 3-3】编写程序，实现杨辉三角形。
杨辉三角定义如下：

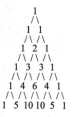

程序代码如下：

```
def triangles():
    L=[1]
    while True:
     yield L
     X=[0]+L
     Y=L+[0]
     L=[X[i]+Y[i] for i in range(len(X))]

n=0
results=[]
for t in triangles():
    results.append(t)
    n=n+1
    if n==10:
        break

for t in results:
    print(t)
```

将程序保存为 ex3_3.py。运行程序：

```
python ex3_3.py
```

程序运行结果如下：

```
[1]
[1, 1]
[1, 2, 1]
[1, 3, 3, 1]
[1, 4, 6, 4, 1]
[1, 5, 10, 10, 5, 1]
[1, 6, 15, 20, 15, 6, 1]
[1, 7, 21, 35, 35, 21, 7, 1]
[1, 8, 28, 56, 70, 56, 28, 8, 1]
[1, 9, 36, 84, 126, 126, 84, 36, 9, 1]
```

小　　结

　　本章介绍了 Python 的几种高级特性。切片是一种截取部分字符串的简便操作，迭代操作可以通过 for 循环遍历 list 或 tuple，可以用于其他可迭代对象。列表生成式是 Python 内置的非常简单却功能强大的可以用来创建 list 的生成式。但当创建包含元素非常多的列表时，会占用非常大的存储空间，如果访问的元素不多，那么就会产生空间浪费，使用生成器可以在访问元素过程中求出元素，极大地节省了空间，读者需要掌握生成器的创建和使用。

第 4 章 Python函数式编程

函数式编程是一种抽象程度很高的编程范式,它的特点是允许把函数本身作为参数传入另一个函数,还允许返回一个函数。Python对函数式编程提供部分支持。本章主要介绍高阶函数、返回函数、匿名函数、装饰器和偏函数。

4.1 高 阶 函 数

1. map()函数和reduce()函数

Python 内置了 map()函数和 reduce()函数这两种函数。

1）map()函数

map()函数接收两个参数,一个是函数,另一个是Iterable。map()依次作用于序列的每个元素,并以新的Iterator返回结果。

比如,假设有一个函数 $f(a)=a^2$,我们可以把这个函数作用在一个 list [1, 2, 3, 4, 5, 6, 7, 8, 9]上,就可以用 map()实现如下:

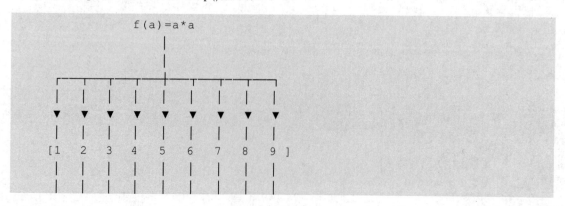

```
 |    |    |    |    |    |    |    |    |
 ▼    ▼    ▼    ▼    ▼    ▼    ▼    ▼    ▼
 |    |    |    |    |    |    |    |    |
[ 1   4    9   16   25   36   49   64   81 ]
```

现在，我们用 Python 代码实现：

```
>>> def f(a):
        return a*a
>>> b=map(f, [1, 2, 3, 4, 5, 6, 7, 8, 9])
>>> list(b)
[1, 4, 9, 16, 25, 36, 49, 64, 81]
```

map()引入的第一个参数是 f，即函数对象本身。由于结果 b 是迭代器，迭代器是惰性序列，因此 list()函数允许它计算整个序列并返回一个列表。

也许有人认为并不需要 map()函数，那我们来写一个循环，也可以计算结果，比如：

```
L=[]
for a in [1, 2, 3, 4, 5, 6, 7, 8, 9]:
    L.append(f(a))
print(L)
```

map()作为高阶函数，事实上它把运算规则抽象了。因此，不但可以计算简单的 $f(a)=a^2$，还可以计算任意复杂的函数，比如，把这个 list 所有数字转为字符串：

```
>>> list(map(str, [1, 2, 3, 4, 5]))
['1', '2', '3', '4', '5']
```

2）reduce()函数

reduce()把一个函数作用在一个序列[n1, n2, n3, ...]上，这个函数必须接收两个参数，reduce()把结果继续和序列的下一个元素做累积计算，其效果就是：

```
reduce(f, [n1, n2, n3, n4])=f(f(f(n1, n2), n3), n4)
```

比如，对一个序列求和，就可以用 reduce()实现：

```
>>> from functools import reduce
>>> def add(a, b):
        return a+b

>>> reduce(add, [2, 4, 6, 8, 10])
30
```

当然，求和操作可以直接使用 Python 的内置函数 sum()，不需要使用 reduce()。但是如果想将序列[1,3,5,7,9]转换为 13579 的整数，那么 reduce()就派上用场了，比如：

```
>>> from functools import reduce
>>> def fn(a, b):
        return a*10+b

>>> reduce(fn, [1, 3, 5, 7, 9])
13579
```

2. filter()函数

Python 中的内置 fielter()函数用于过滤序列。fielter()与 map()类似，接收函数和序列。与 map()不同的是，fielter()将传入函数依次应用到每个元素，然后基于返回值是真还是假来保留或丢弃元素。

比如，在一个列表中，删除奇数，只保留偶数：

```
def is_odd(a):
    return a%2==0

list(filter(is_odd, [1, 2, 3, 4, 5, 6, 7, 8, 9, 10, ]))
# 结果：[2, 4, 6, 8, 10]
```

把一个序列中的空字符串删掉，比如：

```
def not_empty(s):
    return s and s.strip()

list(filter(not_empty, ['A', '', 'B', None, 'C', '']))
# 结果：['A', 'B', 'C']
```

使用 filter()的关键是正确实现滤波器功能。

filter()函数返回一个迭代器，它是一种惰性序列。filter()完成计算，需要使用 list()函数得到所有结果并返回列表。

3. sorted()函数

排序算法常用于程序中，无论使用冒泡排序还是快速排序，排序的核心都是比较两个元素的大小。如果它是一个数字，可以直接比较它；如果它是一个字符串或两个 dict，比较过程必须通过一个函数抽象来实现。

Python 的内置 sort()函数可以对 list 进行排序，比如：

```
>>> sorted([-1, 5, 0, 2, -21])
[-21, -1, 0, 1, 5]
```

此外，sorted()函数也是一个高阶函数，它还可以接收一个 key 函数来实现自定义的排序，比如按绝对值大小排序：

```
>>> sorted([-1, 5, 0, 2, -21], key=abs)
[0, -1, 2, 5, -21]
```

key 指定的函数将作用于 list 的每一个元素上,并根据 key 函数返回的结果进行排序。对比原始的 list 和经过 key=abs 处理过的 list:

```
list=[-1, 5, 0, 2, -21]
keys=[1, 5, 0, 2, 21]
```

然后,sorted()函数按照 key 进行排序,并按照对应关系返回 list 相应的元素:

```
keys 排序结果  =>[0, 1, 2, 5, 21]
               |  |  |  |  |
最终结果       =>[0, -1, 2, 5, -21]
```

字符串排序,比如:

```
>>> sorted(['boo', 'apple', 'Zero', 'Cool'])
['Cool', 'Zero', 'apple', 'boo']
```

默认情况下,字符串按照 ASCII 码的大小排序。因为'Z' < 'a',大写字母 Z 将排在小写字母 a 前面。

现在,建议排序应该忽略大小写,按照字母顺序排序。要想实现此算法,不必对现有代码做大的更改,只需使用 key 函数映射字符串来忽略大小写即可。忽略大小写来比较两个字符串,实际上,首先将字符串转换为大写(或两者都转换为小写)并比较它们。

通过这种方式,给 sorted()传入 key 函数,来实现不区分大小写的排序,比如:

```
>>> sorted(['boo', 'apple', 'Zero', 'Cool'], key=str.lower)
['apple', 'boo', 'Cool', 'Zero']
```

要进行反向排序,不必改动 key 函数,可以传入第三个参数 reverse=True,比如:

```
>>> sorted(['boo', 'apple', 'Zero', 'Cool'], key=str.lower,
       reverse=True)
['Zero', 'Cool', 'boo', 'apple']
```

从上述例子可以看出,高阶函数的抽象能力是很强大的,而且,核心代码可以保持得非常简洁。

4.2 返回函数

1. 闭包

返回的函数引用定义中的局部变量 args,所以当一个函数返回一个函数时,它的内部局部变量会被新函数引用。

需要注意的一个问题是,返回的函数不会立即执行,而是在调用 f()之前执行,比如:

```
def count():
    fs=[]
    for a in range(2,5):
        def f():
            return a*a
        fs.append(f)
    return fs

f1, f2, f3=count()
```

在上面的例子中,每次循环,都会创建一个新的函数,然后,把创建的3个函数都返回。用户可能认为调用 f1()、f2()和 f3()结果应该是 4,9,16,但实际结果是:

```
>>> f1()
16
>>> f2()
16
>>> f3()
16
```

结果都为 16 的原因是返回的函数引用了变量 a,但是没有立即执行。当这 3 个函数都返回时,它们引用的变量 a 变成了 4,所以最后的结果是 16。

2. 函数作为返回值

高阶函数不仅可以使用函数作为参数,还可以使用函数作为返回值。

以一个变量参数求和的例子为例。通常,求和函数定义为:

```
def calc_sum(*args):
    wa=0
    for b in args:
        wa=wa+b
    return wa
```

但是,如果不需要立刻求和,而是在后面的代码中,根据需要再计算,可以不返回求和的结果,而是返回求和的函数:

```
def my_sum(*args):
    def sum():
        wa=0
        for b in args:
            wa=wa+b
        return wa
    return sum
```

当调用 my_sum()时,返回的是求和函数:

```
>>> f=my_sum(1,3,5,7,9)
>>> f
<function my_sum.<locals>.sum at 0x101c6ed90>
```

调用函数 f()时,才真正计算求和的结果:

```
>>> f()
25
```

在本例中,在函数 my_sum()中定义函数 sum(),内部函数 sum()可以引用外部函数 my_sum 的参数和局部变量。当 my_sum 返回函数 sum()时,相关的参数和变量会保存在返回的函数中。这种被称为"闭包"(Closure)的程序结构具有强大的力量。

请注意,当调用 my_sum()时,每次调用都会返回一个新函数,即使传入了相同的参数:

```
>>> f1=my_sum(1,3,5,7,9)
>>> f2=my_sum(1,3,5,7,9)
>>> f1==f2
False
```

f1()和 f2()的调用结果互不影响。

4.3 匿 名 函 数

当传入一个函数时,有时不需要显式地定义一个函数,直接传入一个匿名函数反而更方便。

在 Python 中,对匿名函数的支持是有限的。以 map()函数为例,当计算 $f(a)=a^2$ 时,除了定义的函数 f(a),也可以直接通过匿名函数,比如:

```
>>> list(map(lambda a: a*a, [1, 2, 3, 4, 5]))
[1, 4, 9, 16, 25]
```

通过对比可以看出,匿名函数 lambda a: a*a 实际上就是:

```
def f(a):
    return a*a
```

关键字 lambda 表示一个匿名函数,冒号前面的 a 表示一个函数参数。

匿名函数有一个限制是不写返回值,只能有一个表达式,返回值是表达式的结果。

使用匿名函数是个不错的选择,因为函数没有名称,所以不必担心函数名称冲突。另外,匿名函数也是函数对象,也可以将匿名函数赋给变量,然后用变量调用函数,比如:

```
>>> f(2)
```

同样，也可以把匿名函数作为返回值返回，比如：

```
def build(a, b):
    return lambda: a*a+b*b
```

4.4 装饰器

Python 装饰器是一个用来扩展原始函数功能的函数。这个函数的特点是它的返回值也是一个函数。使用 Python 装饰器的优点是在不更改原始函数代码的情况下向函数添加新函数。

一般来说，如果想要扩展原来的函数代码，最直接的方法就是侵入代码进行修改，比如：

```
import time
def func():
    print("hello")
    time.sleep(1)
    print("xiewei")
```

这是最原始的一个函数，然后我们试图记录下这个函数执行的总时间，最简单的做法就是：

```
#原始侵入，篡改原函数
import time
def func():
    startTime=time.time()

    print("hello")
    time.sleep(1)
    print("xiewei")
    endTime=time.time()

    msecs=(endTime-startTime)*1000
    print("time is %d ms" %msecs)
```

如果某段代码是核心代码，但是不能直接去改它的核心代码，比如：

```
#避免直接侵入原函数修改，但是生效需要再次执行函数
import time

def demo(func):
    startTime=time.time()
    func()
    endTime=time.time()
    msecs=(endTime-startTime)*1000
```

```
    print("time is %d ms" %msecs)

def func():
    print("hello")
    time.sleep(1)
    print("xiewei")

if __name__=='__main__':
    f=func
    demo(f)      #只有把func()或者f()作为参数执行，新加入功能才会生效
    print("f.__name__ is",f.__name__)   #f的name就是func()
    print()
```

这里定义了一个函数demo()，它的参数是一个函数，然后给这个函数嵌入了计时功能。这样不用动原来的代码，就拓展了它的函数功能。

另外，还有装饰器这样的好方法。我们先实现一个最原始的装饰器，不使用任何语法，看看装饰器最原始的面貌：

```
#既不需要侵入，也不需要函数重复执行
import time

def demo(func):
    def wrapper():
        startTime=time.time()
        func()
        endTime=time.time()
        msecs=(endTime-startTime)*1000
        print("time is %d ms" %msecs)
    return wrapper

@demo
def func():
    print("hello")
    time.sleep(1)
    print("xiewei")

if __name__=='__main__':
    f=func #这里f被赋值为func，执行f()就是执行func()
    f()
```

这里的demo()函数是最原始的装饰器，它的参数是一个函数，然后返回值也是一个函数。函数func()作为参数在返回函数wrapper()中执行，然后在函数func()前添加@demo，func()函数相当于被注入定时函数。现在，只需调用func()。

因此，这里的修饰符就像一个注入符号，有了它，原始函数的函数就得到了扩展，而无须更改入侵函数中的代码或重复原始函数，比如：

```python
#带有参数的装饰器
import time

def demo(func):
    def wrapper(x,y):
        startTime=time.time()
        func(x,y)
        endTime=time.time()
        msecs=(endTime-startTime)*1000
        print("time is %d ms" %msecs)
    return wrapper

@demo
def func(x, y):
    print("hello, here is a func for add :")
    time.sleep(1)
    print("result is %d" %(x+y))
if __name__=='__main__':
    f=func
    f(3,4)
    #func()
```

以下是带有不定参数的装饰器：

```python
#带有不定参数的装饰器
import time

def demo(func):
    def wrapper(*args, **kwargs):
        startTime=time.time()
        func(*args, **kwargs)
        endTime=time.time()
        msecs=(endTime - startTime)*1000
        print("time is %d ms" %msecs)
    return wrapper

@demo
def func(x, y):
    print("hello, here is a func for add :")
    time.sleep(1)
    print("result is %d" %(x+y))

@demo
def func2(x, y, z):
    print("hello, here is a func for add :")
    time.sleep(1)
    print("result is %d" %(x+y+z))
```

```python
if __name__=='__main__':
    f=func
    func2(3,4,5)
    f(3,4)
    #func()
```

以下是多个装饰器的实现：

```python
#多个装饰器
import time

def demo01(func):
    def wrapper(*args, **kwargs):
        print("this is demo01")
        startTime=time.time()
        func(*args, **kwargs)
        endTime=time.time()
        msecs=(endTime - startTime)*1000
        print("time is %d ms" %msecs)
        print("demo01 end here")
    return wrapper

def demo02(func):
    def wrapper(*args, **kwargs):
        print("this is demo02")
        func(*args, **kwargs)
        print("demo02 end here")
    return wrapper

@demo01
@demo02
def func(x,y):
    print("hello, here is a func for add :")
    time.sleep(1)
    print("result is %d" %(x+y))

if __name__=='__main__':
    f=func
    f(3,4)
    #func()

'''
this is demo01
this is demo02
hello, here is a func for add :
result is 7
```

```
demo02 end here
time is 1003 ms
demo01 end here
'''
```

多个装饰器执行的顺序就是从最后一个装饰器开始,执行到第一个装饰器,再执行函数本身。

4.5 偏 函 数

Python 的 functools 模块提供了许多有用的特性,其中之一是偏函数(Partial Function)。应该注意的是,这里的偏函数与数学意义上的偏函数是不一样的。

在引入函数参数时,通过设置参数的默认值,可以减少函数调用的难度。部分函数也可以这样做。例子如下:

int()函数的作用是将字符串转换为整数。当只传入一个字符串时,int()函数默认为十进制转换,比如:

```
>>> int('13579')
13579
```

但 int()函数还提供额外的 base 参数,默认值为 10。如果传入 base 参数,就可以做 N 进制的转换,比如:

```
>>> int('12345', base=8)
5349
>>> int('12345', 16)
74565
```

假设要转换大量的二进制字符串,每次都传入 int(a,base=2)是非常麻烦的,于是,我们想到,可以定义一个 int2()的函数,默认把 base=2 传进去:

```
def int2(a, base=2):
    return int(a, base)
```

这样,转换二进制就非常方便了:

```
>>> int2('1000000')
64
>>> int2('1010101')
85
```

functools.partial 就是帮助创建一个偏函数的工具,不需要自己定义 int2(),可以直接使用下面的代码创建一个新的函数 int2():

```
>>> import functools
>>> int2=functools.partial(int, base=2)
```

```
>>> int2('1000000')
64
>>> int2('1010101')
85
```

简单总结一下 functools.partial 的作用,就是固定函数的一些参数(即设置默认值),返回一个新函数,调用这个新函数更容易。

注意上面的新 int2()函数,只需将基本参数重置为默认值 2,但在调用函数时也可以传入其他值,比如:

```
>>> int2('1000000', base=10)
1000000
```

创建偏函数时,实际上可以接收函数对象、*args 和**kw 这 3 个参数,当传入:

```
int2=functools.partial(int, base=2)
```

实际上固定了 int()函数的关键字参数 base。

```
int2('10010')
```

相当于:

```
kw={ 'base': 2 }
int('10010', **kw)
```

当传入:

```
max2=functools.partial(max, 10)
```

实际上会把 10 作为*args 的一部分自动加到左边。

```
max2(5, 6, 7)
```

相当于:

```
args=(10, 5, 6, 7)
max(*args)
```

结果为 10。

4.6 案 例 精 选

【例 4-1】利用闭包返回一个计数器函数,每次调用它返回递增函数。
程序代码如下:

```
def createCounter():
    x=0
    def counter():
```

```
            nonlocal x
            x=x+1
            return x
    return counter
counterA=createCounter()
print(counterA(), counterA(), counterA(), counterA())
```

将程序保存为 ex4_1.py。运行程序:

```
python ex4_1.py
```

程序运行结果如下:

```
1 2 3 4
```

【例 4-2】使用匿名函数找出数字中的奇数。

程序代码如下:

```
L=list(filter(lambda x:x%2==1, range(1,20)))
print(L)
```

将程序保存为 ex4_2.py。运行程序:

```
python ex4_2.py
```

程序运行结果如下:

```
[1, 3, 5, 7, 9, 11, 13, 15, 17, 19]
```

【例 4-3】设计一个 decorator,可作用于任何函数上,并打印该函数的执行时间。

程序代码如下:

```
import time
def metric(fn):
    def wrapper(*args, **kw)
    t1=time.time()
    r=fn(*args, **kw)
        print('%s execut in %s ms'%(fn.__name__, 1000*(time.time()-t1)))
        return r
    return wrapper

@metric
def fast(x,y):
    time.sleep(0.0012)
    return x+y

@metric
def slow(x, y, z):
    time.sleep(0.1234)
```

```
    return x*y*z
f=fast(11, 22)
s=slow(11, 22, 33)
if f!=33:
    print('测试失败!')
elif s!=7986:
    print('测试失败!')
```

将程序保存为 ex4_3.py。运行程序:

```
python ex4_3.py
```

程序运行结果如下:

```
fast excute in 5.286216735839844 ms
slow excute in 138.1356716156006 ms
```

小　　结

本章讲解了 Python 函数式编程,函数可以被赋值,可以被当作参数,可以当作返回值,可以作为容器类型的元素。读者需要理解和掌握高阶函数、返回函数、匿名函数、装饰器和偏函数的使用。

第 5 章 Python类与模块

5.1 类和对象

到目前为止,在我们的程序中,已经设计了基于操作数据的函数或语句块的程序。这就是面向过程的编程。还有一种方法可以将数据和功能结合起来,包装成一个称为对象的程序,这种方法称为面向对象编程。大多数情况下,可以使用过程式编程,但有时,当想要编写大型程序或找到更合适的解决方案时,必须使用面向对象编程技术。

类和对象是面向对象编程的两个主要方面。类创建一个新类型,对象是该类的一个实例。这类似于有一个 int 类型的变量,它是 int 类(对象)的实例。

类是使用 class 关键字创建的。类的字段和方法列在一个缩进的块中。

1. self

类方法与普通函数有一个特殊的区别——它们必须有一个额外的第一个参数名,但是在调用这个方法时,不要为这个参数赋值,Python 会提供这个值。这个特定的变量引用对象本身,根据约定它有一个名称 self。

尽管可以给这个参数起任何名字,但是强烈建议使用 self 这个名称——其他名称不赞成使用。使用标准名称有很多好处——程序读者可以快速识别它,如果使用 self,有 IDE(集成开发环境)可以给予帮助。

2. 类

一个简单的类实例:

```
#!/usr/bin/Python
# Filename: simplestclass.py

class Person:
    pass # An empty block
p=Person()
print(p)
输出:
$ Python simplestclass.py
<__main__.Person object at 0x019F85F0>
```

我们使用类名后面的 class 语句创建一个新类。接下来是一个缩进的语句块，它构成类主体。在本例中，我们使用了一个空白块，它由 pass 语句表示。

接下来，我们使用后跟一对括号的类名创建对象/实例。（在下面的部分中，我们将学习如何创建实例）。为了验证，我们只打印了这个变量的类型。它告诉我们在 __main__ 模块中有一个 Person 类的实例。

可以看到，存储对象的计算机内存地址也被打印出来了。这个地址将是计算机上的另一个值，因为 Python 可以在任何空间中存储对象。

3. 对象的方法

类/对象可以拥有像函数一样的方法，这些方法与函数的区别只是一个额外的 self 变量，比如:

```
#!/usr/bin/Python
# 文件名: method.py

class Person:
    def sayHi(self):
        print('Hello, how are you?')

p=Person()
p.sayHi()
# 这个简短的例子也可以写成: Person().sayHi()
```

以上实例执行结果如下:

```
$ Python method.py
Hello, how are you?
```

4. __init__ 方法

Python 类中有许多具有特殊意义的方法名。现在将学习 __init__ 方法的含义，

__init__方法在类的对象被创建后立即运行,可用于对对象进行一些初始化,比如:

```
#!/usr/bin/Python
# 文件名: class__init.py

class Person:
    def __init__ (self, name):
        self.name=name
    def sayHi(self):
        print('Hello, my name is', self.name)

p=Person('Swaroop')
p.sayHi()

# 这个简短的例子也可以写成: Person('Swaroop').sayHi ()
```

以上实例执行结果如下:

```
$ Python class_init.py
Hello, my name is Swaroop
```

我们将__init__方法定义为接收参数名(和普通参数 self)。在这个__init__中,我们只创建了一个新域,也叫 name。请注意,它们是两个不同的变量,尽管它们的名称相同,但是点号可以区分它们。

最重要的是,我们并没有特别调用__init__方法,但是当我们创建一个类的新实例时,我们将参数包含在括号中,后跟类名,并将其传递给__init__方法,这是这个方法的一个重要部分。

现在,可以在方法中使用 self.name 字段,这在 sayHi 方法中得到了验证。

5. 类和对象变量

前面已经讨论了类和对象的功能,现在来看一下它的数据部分。实际上,它们只是绑定的类和对象名称空间的普通变量,即它们仅在这些类和对象的前提下有效。

类变量由类的所有对象(实例)共享。类变量只有一个副本,因此,当对象对类的变量进行更改时,更改将反映到所有其他实例上。

对象的变量属于类的每个对象/实例,所以每个对象都有它自己的这个字段的副本(它们不共享)。在同一个类的不同实例中,尽管对象的变量具有相同的名称,但它们是无关的,比如:

```
#!/usr/bin/Python
# 文件名: objvar.py

lass Robot:
'''Represents a robot, with a name.'''
```

```python
#一个类变量，计算机器人的数量
population=0

def __init__(self,name):
'''数据初始化.'''
self.name=name
print('(Initialize {0})'.format(self.name))

#当这个人被创造出来的时候，这个机器人数量就会增加
Robot.population+=1

def _del_(self):
'''我正在被摧毁'''
print('{0} is being destroyed!'.format(self.name))

        Robot.population-=1

if Robot.population==0:
print('{0} was the last one.'.format(self.name))
else:
print('There are still {0:d} robots working.'.format
    ( Robot.population))

def sayHi(self):
'''来自机器人的问候'''

print('Greetings, my master call me {0}.'.format(self.name))

def howMany():
'''打印现在的机器人数量'''
print('We have {0:d} robots.'.format(Robot.population))

    howMany=staticmethod(howMany)

droid1=Robot('R2-D2')
droid1.sayHi()
Robot.howMany()

droid2=Robot('C-3PO')
droid2.sayHi()
Robot.howMany()

print("\nRobots can do some work here.\n")

print("Robots have finished their work. So let's destroy them.")

droid1.__del__()
droid2.__del__()
Robot.howMany()
```

以上实例执行结果如下:

```
(Initialize R2-D2)
Greetings, my master call me R2-D2.
We have 1 robots.
(Initialize C-3P0)
Greetings, my master call me C-3P0.
We have 2 robots.

Robots can do some work here.
Robots have finished their work. So let's destroy them.
R2-D2 is being destroyed!
There are still 1 robots working.
C-3P0 is being destroyed!
C-3P0 was the last one.
We have 0 robots.
```

这个实例虽然长,但有助于说明类和对象变量的本质。population 属于 Robot 类,因此是一个类变量。name 变量属于对象(用 self 给其赋值),因此是一个对象变量。

因此,我们使用 Robot.population 来引用 population 类变量,而不是用 self.population 来引用。我们在该对象的方法中用 self.name 来引用对象变量 name。记住类和对象变量之间这个简单的差别,也要注意一个与类变量有相同名字的对象变量会隐藏类变量!

howMany 实际上是属于类而不是对象的方法。这意味着我们或者可以定义类方法,或者可以定义静态方法,这取决于是否需要知道我们是哪个类的部分。既然我们不需要这样的信息,就需要将其定义为静态方法。但是也能用如下的方式来实现:

```
@staticmethod
def howMany():
'''Prints the current population.'''
print('We have {0:d} robots.'.format(Robot.population))
```

__init__ 方法用一个名称初始化 Robot 实例。在这种方法中,给 population 自增 1 来表明又添加了一个 robot。对于每个对象,self.name 的值也是不同的,这也说明了对象变量的性质。

记住,必须仅使用 self 引用同一个对象的变量和方法,这称为属性引用。

在这个程序中,我们还可以看到 docstring 在类中的使用,就像方法一样。我们可以使用 Robot.sayHi.__doc__ 在运行时获取类的 docstring,并使用 robots.sayhi.__doc__ 获取方法的 docstring,就像__init__方法一样,当不再使用对象时,有一个特殊的方法__del__被调用。不再使用对象,占用的内存被返回系统用于其他目的。在这种方法中,我们只是简单地把 Person.population 减 1。

__del__ 方法在不再使用对象时运行,但很难确切地保证该方法何时运行。如果想要指示它的操作,必须使用 del 语句,就像我们在前面的示例中所使用的那样。

6. 继承

面向对象编程的主要好处之一是代码的重用。实现这种重用的一种方法是通过继承。继承可以理解为类之间的类型和子类型关系。假设写一个程序来记录学校师生的情况。它们有一些共同的属性,例如名称、年龄和地址。它们还具有专有属性,如教师工资、课程和假期、学生成绩和学费。可以为教师和学生创建两个单独的类来处理它们,但如果这样做了,则添加一个新的共享属性,这意味着希望将此属性添加到两个单独的类。这很快就会显得不切实际。更好的方法是创建一个名为 SchoolMember 的公共类,然后让老师和学生类继承这个公共类即 Teacher 类和 Student 类。也就是说,它们都是这种类型(类)的子类型,然后为这些子类型添加专有属性。使用这种方法有很多优点。如果在 SchoolMember 中添加/修改任何一个特性,它就会自动反映在子类型中。

在一个子类型中所做的更改不会影响其他子类型。另一个优点是可以同时使用老师和学生对象作为学校成员对象,这在某些情况下特别有用,例如计算学校成员的数量。在任何需要父类型的情况下,子类型都可以用父类型替换,例如,可以将对象看作父类的实例。这种现象称为多态性。此外,我们会发现当重用父类的代码时,不需要在不同的类中重复它。在上面的例子中,SchoolMember 类被称为基类或超类。Teacher 和 Student 类被称为导出类或子类,比如:

```python
#!/usr/bin/Python
# 文件名: inherit.py
class SchoolMember:
    '''代表任何学校成员'''

    def __init__(self, name, age):
        self.name=name
        self.age=age
        print('(Initialize SchoolMember:{0})'.format(self.name))

    def tell(self):
        '''告诉我一些细节'''
        print('Name:"{0}" Age:"{1}"'.format(self.name, self.age),
            end='')
class Teacher(SchoolMember):
    '''代表一位老师'''

    def __init__(self, name, age, salary):
        SchoolMember.__init__(self, name, age)
        self.salary=salary
```

```
    print('(Initialized Teacher:{0})'.format(self.name))

    def tell(self):
        SchoolMember.tell(self)
    print('Salary:"{0:d}"'.format(self.salary))

class Student(SchoolMember):
    '''代表一位学生'''

    def __init__(self, name, age, marks):
        SchoolMember.__init__(self, name, age)
    self.marks = marks
    print('(Initialized Student:{0})'.format(self.name))

    def tell(self):
        SchoolMember.tell(self)
    print('Marks:"{0:d}"'.format(self.marks))

t=Teacher('Mrs.Shrividya', 30, 30000)
s=Student('Swaroop', 25, 75)

print()    # 打印空行

members=[t, s]
for member in members:
    member.tell()    # 为老师和学生工作
```

以上实例执行结果如下：

```
$ Python inherit.py
(Initialize SchoolMember:Mrs.Shrividya)
(Initialized Teacher:Mrs.Shrividya)
(Initialize SchoolMember:Swaroop)
(Initialized Student:Swaroop)

Name:"Mrs.Shrividya" Age:"30"Salary:"30000"
Name:"Swaroop" Age:"25"Marks:"75"
```

要使用继承，我们使用基类的名称作为一个元组，在定义类时后跟类名。然后，我们注意到基类的__init__方法是用 self 变量特别调用的，这样就可以初始化对象的基类部分。这非常重要——Python 不会自动调用基类的构造函数，必须自己显式地调用它。

我们还可以观察到，在方法调用之前添加了类名前缀，然后将 self 变量和其他参数传递给它。注意，当使用 SchoolMember 类的 tell()方法时，把 Teacher 和 Student 的实例仅仅作为 SchoolMember 的实例。

同样，在本例中，调用子类型的 tell()方法，而不是 SchoolMember 类的 tell()方法，可以理解，在本例中，Python 总是首先查找对应类型的方法。如果它不能在导出的类中找到对应的方法，它将开始在基类中逐个查找。在定义类时，在元组中指定基类。

如果在一个继承元组中列出了多个类，则称为多重继承。

5.2 模 块

如果要在其他程序中重用许多函数，这时就需要使用模块。

编写模块有多种方法，最简单的方法是创建一个扩展名为.py的文件，并在文件中包含函数和变量。

编写模块的另一种方法是使用自然语言，这是用 Python 编译器本身的方式编写的。比如，可以用 C 语言写模块，当编译时，使用标准 Python 编译器，可以在 Python 编写代码时使用。

可以从另一个程序导入模块来使用其功能，这就是使用 Python 标准库。比如：

```
#!/usr/bin/python
# 文件名：using_sys.py
import sys
print('The command line arguments are:')
for i in sys.argv:
    print(i)
    print('\n\nThe PYTHONPATH is', sys.path, '\n')
```

以上实例执行结果如下：

```
$ python using_sys.py we are arguments
The command line arguments are:
using_sys.py

The PYTHONPATH is ['', 'C:\\Windows\\system32\\python30.zip',
'C:\\Python30\\DLLs', 'C:\\Python30\\lib',
'C:\\Python30\\lib\\plat-win', 'C:\\Python30',
'C:\\Python30\\lib\\site-packages']

we

The PYTHONPATH is ['', 'C:\\Windows\\system32\\python30.zip',
'C:\\Python30\\DLLs', 'C:\\Python30\\lib',
'C:\\Python30\\lib\\plat-win', 'C:\\Python30',
'C:\\Python30\\lib\\site-packages']

are

The PYTHONPATH is ['', 'C:\\Windows\\system32\\python30.zip',
'C:\\Python30\\DLLs', 'C:\\Python30\\lib',
'C:\\Python30\\lib\\plat-win', 'C:\\Python30',
```

```
                            'C:\\Python30\\lib\\site-packages']

                            arguments

                            The PYTHONPATH is ['', 'C:\\Windows\\system32\\python30.zip',
                            'C:\\Python30\\DLLs', 'C:\\Python30\\lib',
                            'C:\\Python30\\lib\\plat-win', 'C:\\Python30',
                            'C:\\Python30\\lib\\site-packages']
```

首先，导入 sys 模块。基本上，这个语句告诉 Python 我们想要使用这个模块。sys 模块包含与 Python 解释器及其环境相关的函数。当 Python 执行 import sys 语句时，它会查找 sys 模块。在本例中，它是一个内置模块，因此 Python 知道在哪里可以找到它。

如果它是一个未编译的模块，比如用 Python 编写的模块，Python 解释器会查找 sys 中列出的路径和路径变量。如果找到模块，它将在模块的主体中运行语句，模块可用。注意，初始化过程只在第一次导入模块时完成。

在 sys 模块中，可以使用 sys.argv 引用 argv 变量。很明显，这个名称是 sys 模块的一部分。这种方法的一个优点是名称不与程序中使用的任何 argv 变量冲突。

sys.argv 变量是一个字符串列表，sys.argv 包含一个命令行参数列表，这些参数是使用命令行传递给程序的参数。

如果使用 IDE 编写这些程序，请在菜单中查找指定程序的命令行参数的方法。

在这里，当执行 python using_sys 时。我们使用 Python 命令来运行 using_sys，并将 We are arguments 作为参数传递给程序。Python 为我们把它存储在 sys.argv 变量中。

记住，脚本的名称总是 sys.argv 列表的第一个参数。所以，'using_sys.py'是 sys.argv[0]、'we'是 sys.argv[1]、'are'是 sys.argv[2]以及'arguments'是 sys.argv[3]。注意，Python 从 0 开始计数，而非从 1 开始。

sys.path 包含输入模块的目录名列表。我们可以观察到 sys.path 的第一个字符串是空的——这个空字符串表示当前目录也是 sys.path 的一部分，它与 PYTHONPATH 环境变量相同。这意味着可以直接输入位于当前目录中的模块。否则，必须将模块放在 sys.path 中列出的目录之一中。

1. 按字节编译的 .pyc 文件

导入一个模块比较耗时，因此 Python 有一些技巧来使输入模块更快。一种方法是创建一个带.pyc 扩展名的字节编译文件。字节编译的文件与 Python 转换程序的中间状态相关，当下次从另一个程序导入这个模块时，.pyc 文件非常有用——它会更快，因为一些输入模块所需的处理已经完成。此外，这些字节编译的文件也是独立于平台的。

2. from...import 语句

如果想要直接输入 argv 变量到程序中（避免在每次使用时打 sys.），那么可以使用 from sys import argv 语句。如果想要输入所有 sys 模块使用的名字，可以使用 from sys import *语句。这两点对于所有模块都适用。

一般情况下，应该避免使用 from..import，而使用 import 语句，因为这样可以使程序更加易读，也可以避免名称的冲突。

3. 模块的__name__

每个模块都有一个名称，在模块中可以通过语句来获得模块的名称。这在一个场合特别有用——当一个模块被第一次输入的时候，这个模块的主块将被运行。假如我们只想在程序本身被使用的时候运行主块,而在它被别的模块引用的时候不运行主块，可以通过模块的__name__属性完成，比如：

```python
#!/usr/bin/python
# Filename: using_name.py
if __name__=='__main__':
    print('This program is being run by itself')
else:
    print('I am being imported from another module')
```

以上实例执行结果如下：

```
$ python using_name.py
This program is being run by itself
$ python
>>> import using_name
I am being imported from another module
>>>
```

每个 Python 模块都有它的__name__，如果它是'__main__'，这说明这个模块被用户单独运行，我们可以进行相应的恰当操作。

4. 创建自己的模块

每个 Python 程序是一个模块，所以创建自己的模块是十分简单的，比如：

```python
#!/usr/bin/python
# Filename: mymodule.py
def sayhi():
    print('Hi, this is mymodule speaking.')
__version__='0.1'
# End of mymodule.py
```

上面是一个模块的例子，它与普通 Python 程序相比没有什么特别之处。接下来将介绍如何在其他 Python 程序中使用这个模块。记住，这个模块应该放在与输入的程序相同的目录中，或者放在 sys.path 中列出的目录中，比如：

```python
#!/usr/bin/python
# Filename: mymodule_demo.py
import mymodule
mymodule.sayhi()
print('Version', mymodule.__version__)
```

以上实例执行结果如下：

```
$ python mymodule_demo.py
Hi, this is mymodule speaking.
Version 0.1
```

我们用相同的点来使用模块的成员。Python 很好地重用了相同的标记，因此 Python 程序员不需要不断地学习新的方法。下面是一个使用 from...import 语法的版本：

```python
#!/usr/bin/python
# Filename: mymodule_demo2.py
from mymodule import sayhi, __version__
sayhi()
print('Version', __version__)
```

mymodule_demo2.py 的输出与 mymodule_demo.py 完全相同。如果已经在导入 mymodule 的模块中声明了一个 __version__ 的名字，这就会有冲突。因此，推荐选择使用 import 语句，比如：

```
from mymodule import *
```

5. dir()函数

可以使用内置的 dir()函数列出模块定义的标识符。标识符有函数、类和变量。当为 dir()提供模块名称时，它将返回模块定义的名称列表。如果没有提供参数，则返回当前模块中定义的名称列表，比如：

```
$ python
>>> import sys # get list of attributes, in this case, for the sys module
>>> dir(sys)
['__displayhook__', '__doc__', '__excepthook__', '__name__',
 '__package__', '__stderr__', '__stdin__', '__stdout__', '_clear_
type_cache', '_compact_freelists', '_current_frames', '_getframe',
'api_version', 'argv', 'builtin_module_names', 'byteorder',
'call_tracing', 'callstats', 'copyright', 'displayhook', 'dllhandle',
'dont_write_bytecode', 'exc_info', 'excepthook', 'exec_prefix',
```

```
'executable', 'exit', 'flags', 'float_info', 'getcheckinterval',
'getdefaultencoding', 'getfil esystemencoding', 'getprofile',
'getrecursionlimit', 'getrefcount', 'getsizeof', 'gettrace',
'getwindowsversion', 'hexversion', 'intern', 'maxsize', 'maxunicode ',
'meta_path', 'modules', 'path', 'path_hooks', ' path_importer_cache',
'platfor m', 'prefix', 'ps1', 'ps2', 'setcheckinterval', 'setprofile',
'setrecursionlimit ', 'settrace', 'stderr', 'stdin', 'stdout',
'subversion', 'version' , 'version_in fo', 'warnoptions', 'winver']
>>> dir() # get list of attributes for current module
['__builtins__', '__doc__', '__name__', '__package__', 'sys']
>>> a=5 # 新建一个变量a
>>> dir()
['__builtins__', '__doc__', '__name__', '__package__', 'a', 'sys']
>>> del a # 删除变量a
>>> dir()
['__builtins__', '__doc__', '__name__', '__package__', 'sys']
>>>
```

首先，让我们看看如何在 input sys 模块上使用 dir()。我们看到它包含大量的属性。接下来，我们不使用 dir()函数传递参数。默认情况下，它返回当前模块的属性列表。注意，输入模块也是列表的一部分。

为了观察 dir()的效果，我们定义了一个新变量 a 并给它赋值，然后测试 dir()，我们观察到相同的值被添加到列表中。我们使用 del 语句删除当前模块中的变量/属性，这个更改再次反映在 dir 的输出中。关于 del 的注释——此语句用于在运行该语句后删除变量/名称。在本例中，运行 del a 后，将不再能够使用变量 a——就好像它从未存在过一样。注意，dir()函数适用于任何对象。

6. 包

变量通常在函数内部运行。函数和全局变量通常在模块内部运行。如果想组织自己的模块，那么"包"会进入你的视野。

这个包是模块的文件夹，有一个特殊的__init__.py 文件，表示此文件夹特殊，因为它包含 Python 模块。

可加入想要创建的名为 world 的包、子包 asia、africa 等，这些子包包含了 india、madagascar 等模块。

包只是为了方便分层地组织模块，可以在标准库中看到许多这样的实例。

5.3 案 例 精 选

【例 5-1】编写程序，编写一个学生类，要求有计数器属性，统计总共实例化了多少个学生。

程序代码如下：

```python
class Student:
    count=0
    @classmethod
    def __init__(cls):
        cls.count+=1

a1=Student()
a2=Student()
a3=Student()
a4=Student()
print(Student.count)
```

将程序保存为 ex5_1.py。运行程序：

```
python ex5_1.py
```

程序运行结果如下：

```
4
```

【例 5-2】编写程序，实现建立队列、返回队列长度、数据入队、数据出队、判断队列是否为空等功能。

程序代码如下：

```python
class Line(object):
#定义一个类
    def __init__(self):
        #定义方法
        self.__Line=[]
        #定义一个列表作为队

    def __len__(self):
        return len(self.__Line)
        #返回一个列表的长度（队的长度）

    def enqueue(self, item):
        self.__Line.append(item)
        print("元素[%s]入队成功" % (item))
        #入队操作
    def dequeue(self):
        if not self.is_empty():
            #如果队判空后返回为否
            item=self.__Line.pop(0)
            print("元素[%s]出队成功" % (item))
            #出队操作
```

```python
        else:
            raise Exception("队列为空")

    def first(self):
        if not self.is_empty():
            item=self.__Line[0]
            print("队首元素为: [%s]" % (item))
        else:
            raise Exception("队列为空")

    def length(self):
        return len(self.__Line)

    def is_empty(self):
        #判队空
        if len(self.__Line)==0:
            print('True')
        else:
            print('False')
        return len(self.__Line)==0

Line=Line()
Line.enqueue(5)
print(len(Line))
Line.enqueue(4)
print(len(Line))
Line.enqueue(3)
print(len(Line))
Line.dequeue()
Line.dequeue()
Line.is_empty()
```

将程序保存为 ex5_2.py。运行程序：

```
python ex5_2.py
```

程序运行结果如下：

```
元素[5]入队成功
1
元素[4]入队成功
2
元素[3]入队成功
3
False
元素[5]出队成功
```

```
False
元素[4]出队成功
False
```

【例 5-3】编写程序,实现查看列举目录下的所有文件。

程序代码如下:

```
import os

def dirpath(lpath, lfilelist):
    list=os.listdir(lpath)
    for f in list:
        file=os.path.join(lpath, f)      #拼接完整的路径
        if os.path.isdir(file):          #判断如果为文件夹则进行递归遍历
            dirpath(file, lfilelist)
        else:
            lfilelist.append(file)
    return lfilelist

lfilelist=dirpath(os.getcwd(), [])
for f in lfilelist:
    print(f)
```

将程序保存为 ex5_3.py。运行程序:

```
python ex5_3.py
```

程序运行结果如下:

```
C:\Users\Nur\Desktop\Python 智能硬件开发指南——基于智能车的项目设计与实现
\project\.idea\.gitignore
C:\Users\Nur\Desktop\Python 智能硬件开发指南——基于智能车的项目设计与实现
\project\.idea\inspectionProfiles\profiles_settings.xml
C:\Users\Nur\Desktop\Python 智能硬件开发指南——基于智能车的项目设计与实现
\project\.idea\inspectionProfiles\Project_Default.xml
C:\Users\Nur\Desktop\Python 智能硬件开发指南——基于智能车的项目设计与实现
\project\.idea\misc.xml
C:\Users\Nur\Desktop\Python 智能硬件开发指南——基于智能车的项目设计与实现
\project\.idea\modules.xml
C:\Users\Nur\Desktop\Python 智能硬件开发指南——基于智能车的项目设计与实现
\project\.idea\project.iml
C:\Users\Nur\Desktop\Python 智能硬件开发指南——基于智能车的项目设计与实现
\project\.idea\workspace.xml
C:\Users\Nur\Desktop\Python 智能硬件开发指南——基于智能车的项目设计与实现
\project\dierzhang.py
```

小　结

　　Python 比较灵活，支持面向对象编程，也支持函数式编程。面向对象是一种编程方式，此编程方式的实现是基于对类和对象的使用。类是一个模板，模板中包装了多个"函数"供使用。对象是根据模板创建的实例，实例用于调用被包装在类中的函数。函数式编程能完成的操作，面向对象都可以实现；而面向对象的能完成的操作，函数式编程不一定行。在较大的项目设计中，面向对象编程能更好地完成任务，智能车项目需要我们使用面向对象编程实现。本章还介绍了 Python 模块和包，模块从逻辑上组织 Python 代码，本质是.py 结尾的 Python 文件，例如文件名是 test.py,则对应的模块名为 test。包用来从逻辑上组织模块，本质是一个目录，必须带有一个__init__.py 的文件。本章要求读者掌握模块的创建和 dir()函数的使用。

第6章 Python图形界面

Python提供了多个图形开发界面的库，几个常用Python GUI库如下：

（1）Tkinter：Tkinter模块（Tk接口）是Python的标准Tk GUI工具包接口。Tk和Tkinter可以在大多数的UNIX平台下使用，同样可以应用在Windows和Macintosh系统里。Tk 8.0的后续版本可以实现本地窗口风格，并良好地运行在绝大多数平台。

（2）wxPython：wxPython是一款开源软件，是Python语言的一套优秀的GUI图形库，允许Python程序员很方便地创建完整的、功能健全的GUI用户界面。

（3）Jython：Jython程序可以和Java无缝集成。除了一些标准模块，Jython使用Java的模块。Jython几乎拥有标准的Python中不依赖于C语言的全部模块。比如，Jython的用户界面将使用Swing、AWT或者SWT。Jython可以被动态或静态地编译成Java代码。

本章简单介绍如何使用Tkinter和wxPython进行GUI编程。

6.1 Tkinter

Tkinter是Python的标准GUI库，Python使用Tkinter快速创建GUI应用程序。

因为Tkinter内置于Python安装包中，所以在安装Python之后可以导入Tkinter库，IDLE也是用Tkinter编写的。对于一个简单的图形界面，Tkinter可以处理它。

我们编写的Python代码将调用内置的Tkinter。Tkinter封装了访问Tk的接口，

Tk 是一个支持多个操作系统的图形库,它是用 TCL 语言开发的。Tk 将调用操作系统提供的本地 GUI 界面来完成最终的 GUI。因此,我们的代码只需要调用 Tkinter 提供的接口。

1. 第一个 GUI 程序

以下是使用 Tkinter 来编写一个 GUI 版本的 "Hello, world!":

(1) 导入 Tkinter 包的所有内容

```
from tkinter import *
```

(2) 从 Frame 派生一个 Application 类,这是所有 Widget 的父容器。

```
class Application(Frame):
    def __init__(self, master=None):
        Frame.__init__(self, master)
        self.pack()
        self.createWidgets()

    def createWidgets(self):
        self.helloLabel=Label(self, text='Hello, Python!')
        self.helloLabel.pack()
        self.quitButton=Button(self, text=' exit', command=self.quit)
        self.quitButton.pack()
```

在 GUI 中,每个 Button、Label、输入框等都是一个 Widget,Frame 是一个可以容纳其他 Widget 的 Widget。

pack() 方法将 Widget 添加到父容器并实现布局。pack() 是最简单的布局,grid() 可以实现更复杂的布局。

在 createWidgets() 方法中,我们创建一个 Label 和一个 Button,当单击按钮时,它会触发 self.quit(),来使程序退出。

(3) 实例化 Application,并启动消息循环:

```
app=Application()
# 设置窗口标题:
app.master.title('Hello Python')
# 主消息循环:
app.mainloop()
```

GUI 程序的主线程负责侦听来自操作系统的消息,并依次处理每个消息。因此,如果消息处理非常耗时,则需要在一个新的线程中进行处理。

(4) 运行这个 GUI 程序,可以看到图 6-1 所示窗口。

图 6-1 GUI 程序运行效果

(5)单击"exit"按钮或者窗口的"×"结束程序。

2．输入文本

下面我们改进上面的 GUI 程序，添加一个文本框，让用户输入文本，然后单击按钮弹出消息对话框。

```python
from tkinter import *
import tkinter.messagebox as messagebox

class Application(Frame):
    def __init__(self, master=None):
        Frame.__init__(self, master)
        self.pack()
        self.createWidgets()

    def createWidgets(self):
        self.nameInput=Entry(self)
        self.nameInput.pack()
        self.alertButton=Button(self,text='Hello', command=self.hello)
        self.alertButton.pack()

    def hello(self):
        name=self.nameInput.get() or 'Python'
        messagebox.showinfo('Message', 'Hello, %s' % name)

app=Application()
# 设置窗口标题:
app.master.title('Hello Python')
# 主消息循环:
app.mainloop()
```

当用户单击按钮时，它会触发 hello()，在通过 self.nameInput.get()获得用户的文本输入后，可以使用 tkMessageBox.showinfo()弹出消息对话框。

以上实例执行结果，如图 6-2 所示，在文本框中输入 java，运行结果如图 6-3 所示。

图 6-2 程序运行实训

图 6-3 在文本框中输入内容后的效果

6.2 wxPython

1. 建立 GUI 程序

(1) 导入必需的 wxPython 包或其他包。

(2) 建立框架类:框架类的父类为 wx.Frame,在框架类的构造函数中必须调用父类的构造函数。

(3) 建立主程序:通常做 4 件事:建立应用程序对象、建立框架类对象、显示框架、建立事件循环。

2. Frame

Frame:框架(窗体),容器,可移动、缩放,包含标题栏、菜单等,是所有框架的父类。使用时,需要派生出子类,其构造函数格式为:

```
wx.Frame.__init__ (parent, id, title, pos, size, style, name )
    '''
    参数:
    parent      # 父元素,假如为None,代表顶级窗体

    id          # 新窗体的标识,唯一,假如id为-1代表系统分配id

    title       # 窗体的标题
```

```
        pos     # wx.Point 对象,它指定这个新窗体的左上角在屏幕中的位置。通常(0,0)
                是显示器的左上角。当将其设定为 wx.DefaultPosition,其值为(-1,-1),表示
                让系统决定窗体的位置

        size    # 一个 wx.Size 对象,它指定这个新窗体的初始尺寸。当将其设定为
                wx.DefaultSize 时,其值为(-1,-1),表示由系统决定窗体的初始尺寸。

        style   # 窗体的样式

        name    # 窗体的名称,也是用来标识组件的,但是用于传值
'''
```

wx.Frame.__init__()方法只有一个参数 parent,没有默认值,因而最简单的调用方式是:

```
wx.Frame.__init__(self, parent=None)
```

这将生成一个默认位置、默认大小的窗体。

wxPython 的 ID 参数可以明确给构造函数传递一个正整数,自行保证 ID 不重复并且没有重用预定义的 ID 号,如 wx.ID_OK、wx.ID_CANCEL 等 ID 号对应的数值;使用 wx.NewId()函数,可以避免确保 ID 号唯一性的麻烦,如:

```
id=wx.NewId()
frame=wx.Frame.__init__(None, id)
```

使用全局常量 wx.ID_ANY(值为-1)来让 wxPython 生成新的 ID,需要时可以使用 GetId()方法来得到它,如:

```
frame=wx.Frame.__init__(None, -1)
id=frame.GetId()
```

3. Button

按钮主要用来响应用户的单击操作,而按钮上面的文本一般是创建时直接指定的,很少需要修改。如果确实需要动态修改的话,可以通过 SetLabelText()方法来实现,再结合 GetLabelText()方法来获取按钮控件上面显示的文本,则可以实现同一个按钮完成不同功能的目的。

按钮控件的构造函数语法如下:

```
__init__(self, Window parent, int id=-1, String label=EmptyString,
    Point pos=DefaultPosition, Size size=DefaultSize, long style=0,
    Validator validator=DefaultValidator, String name=ButtonNameStr)
'''
    参数:

    parent #父元素,假如为 none,代表顶级窗体
```

```
    id          #窗体的标识,唯一,假如id为-1代表系统分配id

    lable       #按钮的标签

    pos         #窗体的位置,就是组件左上角点距离父组件或者桌面左和上的距离

    size        #窗体的尺寸,宽高

    style       #窗体的样式

    validator   #验证

    name        #窗体的名称,也是用来标识窗体的,但是用于传值
'''
```

为按钮绑定事件处理函数的方法为:

```
Bind(event, handler, source=None, id=-1, id2=-1)
```

4. TextCtrl

TextCtrl:创建文本框。使用 GetValue()方法获取文本框中输入的内容,使用 SetValue()方法设置文本框中的文本。构造方法如下:

```
__init__(parent, id=ID_ANY, value='', pos=DefaultPosition, size=
    DefaultSize, style=0, validator=DefaultValidator, name=
    TextCtrlNameStr)
'''
    参数:

    parent              #父元素,假如为None,代表顶级窗体

    id                  #窗体的标识,唯一,假如id为-1代表系统分配id

    value=None          #文本框当中的内容
        GetValue        #获取文本框的值
        SetValue        #设置文本框的值

    pos                 #窗体的位置,就是组件左上角点距离父组件或者桌面左和上的距离

    size                #窗体的尺寸,宽高

    style               #窗体的样式

    validator           #验证

    name                #窗体的名称,也是用来标识窗体的,但是用于传值
'''
```

6.3 案例精选

【例 6-1】 编写程序，制作 TCP 通信的 Server 和 Client。

程序代码如下：

```python
# -*- coding: utf-8 -*-
import tkinter as tk
import tkinter.ttk as ttk
import socket
import threading
import time

class TCP_Server():
    def __init__(self):
        winserver=tk.Tk()
        winserver.title("TCP Server")
        winserver.geometry("500x500")
        winserver.resizable(width=False, height=False)
        font=("宋体", 10)

        self.rbtn=tk.Radiobutton(winserver, text="未连接", fg="red")
        self.label_port=tk.Label(winserver, text=" 端口:", font=font)
        self.label_send=tk.Label(winserver, text=" 发送区:", font=font)
        self.label_recv=tk.Label(winserver, text=" 接收区:", font=font)
        self.label_clist=tk.Label(winserver,text="客户端列表:",font=font)
        self.spinbox_port=tk.Spinbox(winserver, from_=1024, to=10000)
        self.btn_start=tk.Button(winserver, text="启动", bg="white",
    command=self.do_start)
        self.btn_stop=tk.Button(winserver, text="停止", bg="white",
    command=self.do_stop)
        self.btn_send=tk.Button(winserver, text="发送", bg="white",
    command=self.send_to_client)
        self.en_send=tk.Entry(winserver, text="Test", bd=2)
        self.text_recv=tk.Text(winserver, height=5, width=43,
    font=font, bg="white", fg="black")
        self.client_list=ttk.Treeview(winserver, height=10, show=
    "headings",columns=('col1', 'col2', 'col3'))
        # show="headings" 隐藏默认的col0列
        self.client_list.column('col1', width=50, anchor='center')
        self.client_list.column('col2', width=200, anchor='center')
        self.client_list.column('col3', width=100, anchor='center')
        self.client_list.heading('col1', text='序号')
        self.client_list.heading('col2', text='IP 地址')
        self.client_list.heading('col3', text='端口号')
```

```python
        self.rbtn.place(x=10, y=10)
        self.label_port.place(x=100, y=15)
        self.label_send.place(x=100, y=50)
        self.label_recv.place(x=100, y=140)
        self.spinbox_port.place(x=150, y=15)
        self.btn_start.place(x=400, y=10)
        self.btn_stop.place(x=440, y=10)
        self.btn_send.place(x=440, y=70)
        self.en_send.place(x=120, y=70, width=300, height=60)
        self.text_recv.place(x=120, y=160)
        self.label_clist.place(x=100, y=240)
        self.client_list.place(x=120, y=260)

        for i in range(10):
            self.client_list.insert("", i, values=(i, "192.168.2.3" + str(i), "9999"))   # 插入数据
            self.client_list.bind("<Double-1>", self.onDBClick)
        winserver.mainloop()

    def onDBClick(self, event):
        item=self.client_list.selection()[0]
        print("you clicked on ", self.client_list.item(item, "values"))

    def do_start(self):
        self.rbtn["fg"]="green"
        self.rbtn["text"]="已连接"

    def do_stop(self):
        print("正在断开连接....")
        self.rbtn["fg"]="red"
        self.rbtn["text"]="未连接"

    def send_to_client(self):
        if self.rbtn["text"]=="已连接":
            print("正在发送数据....")
        else:
            print("连接未建立,不能发送数据....")

    def tcp_link(self, sock, addr):
        print(f" {addr} 正在请求连接........")
        sock.send("欢迎您连接到服务器........".encode('utf-8'))
        while True:
            data=sock.recv(1024)
            time.sleep(1)
            if data and data.decode('utf-8') != "exit":
```

```python
            print(data.decode('utf-8'))
            self.text_recv["text"]=data.decode('utf-8')
            sock.send("服务器正在接收数据,请稍等........".encode('utf-8'))
        else:
            break

class TCP_Client():
    def __init__(self):
        self.client_socket=socket.socket(socket.AF_INET, socket.SOCK_STREAM)
        winclient=tk.Tk()
        winclient.title("TCP Client")
        winclient.geometry("600x250")
        winclient.resizable(width=False, height=False)
        font=("宋体", 10)

        self.rbtn=tk.Radiobutton(winclient, text="未连接", fg="red")
        self.label_ip=tk.Label(winclient, text=" IP 地址:", font=font)
        self.label_port=tk.Label(winclient, text=" 端口:", font=font)
        self.label_send=tk.Label(winclient, text=" 发送区:", font=font)
        self.label_recv=tk.Label(winclient, text=" 接收区:", font=font)
        self.spinbox_port=tk.Spinbox(winclient, from_=1024, to=10000)
        self.btn_start=tk.Button(winclient, text="连接", bg="white", command=self.do_connect)
        self.btn_stop=tk.Button(winclient, text="断开", bg="white", command=self.do_stopconnect)
        self.btn_send=tk.Button(winclient, text="发送", bg="white", command=self.send_to_server)
        self.en_ip=tk.Entry(winclient, text="IP 地址", bd=2)
        self.en_send=tk.Entry(winclient, text="Test", bd=2)
        self.text_recv=tk.Text(winclient,height=5,width=43,font=font,bg="white", fg="black")

        self.label_ip.place(x=100, y=15)
        self.label_port.place(x=360, y=15)
        self.label_send.place(x=100, y=50)
        self.label_recv.place(x=100, y=150)
        self.rbtn.place(x=10, y=10)
        self.btn_start.place(x=480, y=10)
        self.btn_stop.place(x=520, y=10)
        self.btn_send.place(x=480, y=70)
        self.en_ip.place(x=160, y=15, width=200, height=20)
        self.spinbox_port.place(x=410, y=15, width=50, height=20)
        self.en_send.place(x=120, y=70, width=300, height=60)
        self.text_recv.place(x=120, y=170)
```

```
        winclient.mainloop()

    def do_connect(self):
        print("正在连接服务器....")
        self.rbtn["fg"]="green"
        self.rbtn["text"]="已连接"

    def do_stopconnect(self):
        self.rbtn["fg"]="red"
        self.rbtn["text"]="未连接"

    def send_to_server(self):
        print("正在往服务器发送数据.....")
if __name__=="__main__":
    TCP_Server()
    TCP_Client()
```

将程序保存为 ex6_1.py。运行程序：

```
python ex6_1.py
```

程序运行结果如图 6-4 和图 6-5 所示。

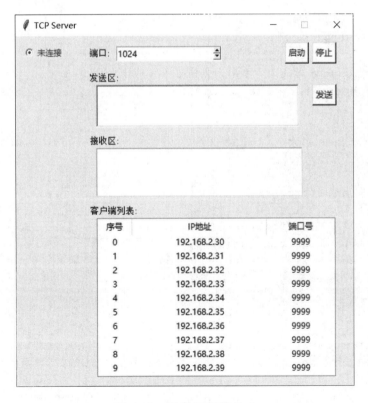

图 6-4　程序运行结果 1

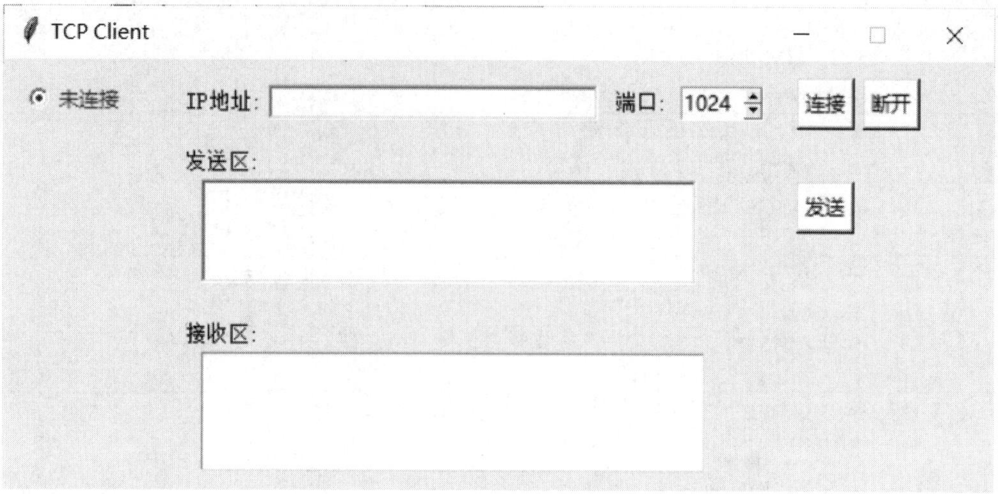

图 6-5　程序运行结果 2

【例 6-2】编写程序，实现一个 GUI 界面，在上面文本框中输入文本文件地址，单击"打开"按钮后将文本文件内容显示在下面的文本框中。

程序代码如下：

```
import wx

def openfile(event):    # 定义打开文件事件
    path=path_text.GetValue()
    with open(path, "r", encoding="utf-8") as f:
    # encoding 参数是为了在打开文件时将编码转为 utf-8
        content_text.SetValue(f.read())

app=wx.App()
frame=wx.Frame(None, title="Gui Test Editor", pos=(1000, 200), size=(500, 400))

panel=wx.Panel(frame)

path_text=wx.TextCtrl(panel)
open_button=wx.Button(panel, label="打开")
open_button.Bind(wx.EVT_BUTTON, openfile)    # 绑定打开文件事件到 open_button 按钮上

save_button=wx.Button(panel, label="保存")

content_text=wx.TextCtrl(panel, style=wx.TE_MULTILINE)
# wx.TE_MULTILINE 可以实现以滚动条方式多行显示文本，若不加此功能文本文档显示
    为一行

box=wx.BoxSizer()    # 不带参数表示默认实例化一个水平尺寸器
```

```
box.Add(path_text, proportion=5, flag=wx.EXPAND | wx.ALL, border=3)
# 添加组件
# proportion: 相对比例
# flag: 填充的样式和方向,wx.EXPAND 为完整填充,wx.ALL 为填充的方向
# border: 边框
box.Add(open_button, proportion=2, flag=wx.EXPAND | wx.ALL, border=3)
# 添加组件
box.Add(save_button, proportion=2, flag=wx.EXPAND | wx.ALL, border=3)
# 添加组件

v_box=wx.BoxSizer(wx.VERTICAL)
# wx.VERTICAL 参数表示实例化一个垂直尺寸器
v_box.Add(box, proportion=1, flag=wx.EXPAND | wx.ALL, border=3)
# 添加组件
v_box.Add(content_text, proportion=5, flag=wx.EXPAND | wx.ALL,
border=3)    # 添加组件

panel.SetSizer(v_box)    # 设置主尺寸器

frame.Show()
app.MainLoop()
```

将程序保存为 ex6_2.py。运行程序:

```
python ex6_2.py
```

程序运行结果如图 6-6 所示。

图 6-6 程序运行结果

小　　结

通过本章的介绍，读者可以知道 Python 内置的 Tkinter 可以满足基本的 GUI 程序的要求。还学习了如何使用 wxPython 生成 GUI 界面。如果是非常复杂的 GUI 程序，建议用操作系统原生支持的语言和库来编写。读者可以在本章的基础上继续深入学习，相信你们可以制造出各种各样漂亮的图形界面。

第 7 章

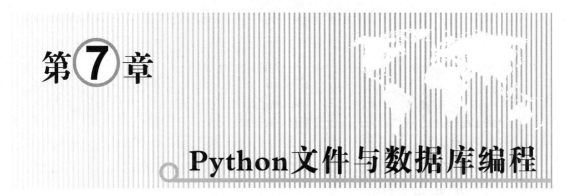

Python文件与数据库编程

7.1 Python IO 编程

IO 在计算机中指 Input/Output，也就是输入和输出。由于程序在运行时的数据是在内存中驻留，由 CPU 这个超快的计算核心来执行，涉及数据交换的地方，通常是磁盘、网络等，就需要 IO 接口。从磁盘读取文件到内存，就只有 Input 操作，反过来，把数据写到磁盘文件里，就只是一个 Output 操作。

本节内容主要介绍 IO 编程中的文件读写、StringIO、BytesIO、操作文件和目录、序列化。

1．文件读写

读写文件是最常见的 IO 操作。Python 有用于读写文件的内置函数，其用法与 C 语言兼容。

在读写文件之前，我们必须了解磁盘上的读写文件功能是由操作系统提供的。现代操作系统不允许普通程序直接操作磁盘。因此，读写文件就是要求操作系统打开一个文件对象（通常称为文件描述符），然后通过操作系统提供的接口从这个文件对象中读取数据（读取文件），或者向这个文件对象写入数据（写入文件）。

1）读文件

要以读文件的模式打开一个文件对象，使用 Python 内置的 open()函数，传入文件名和标示符：

```
>>> f=open('/Users/python/test.txt', 'r')
```

标识符'r'表示读取,因此我们成功地打开了一个文件。

如果文件不存在,open()函数将抛出 IOError 错误,并给出错误代码和详细信息,告诉用户文件不存在:

```
>>> f=open('/Users/python/notfound.txt', 'r')
Traceback (most recent call last):
  File "<stdin>", line 1, in <module>
FileNotFoundError:[Errno 2] No such file or directory:
    '/Users/michael/notfound.txt'
```

如果文件打开成功,则调用 read()方法一次读取文件的所有内容。Python 将内容读入内存,用 str 对象表示:

```
>>> f.read()
'Hello, Python!'
```

最后一步是调用 close()方法来关闭文件。使用后必须关闭文件,因为文件对象占用了操作系统的资源,操作系统可以同时打开的文件数量有限:

```
>>> f.close()
```

因为文件在读取和写入时很可能生成 IOError,一旦发生错误,不会调用 close()。因此,为了确保文件是正确关闭的,而不管是否出错,可以使用 try...finally 来实现,比如:

```
try:
    f=open('/path/to/file', 'r')
    print(f.read())
finally:
    if f:
        f.close()
```

但是每次都这么写实在是太烦琐,所以,Python 引入了 with 语句来自动调用 close()方法:

```
with open('/path/to/file', 'r') as f:
    print(f.read())
```

这和之前的尝试是一样的。但是,代码要简单得多,不需要调用 f.close()方法。

调用 read()可以一次读取文件的所有内容,如果文件有 10 GB,内存就会爆炸,所以为了安全起见,可以反复调用 read(size)方法,每次读取的内容大小可以达到字节大小。此外,调用 readline()一次读取一行内容,调用 readlines()一次读取所有内容,并逐行返回一个列表。因此,需要根据需要来决定如何调用。

如果文件比较小，使用 read() 可以一次读取；如果无法确定文件大小，则可以反复调用。

read (size)；如果是一个配置文件，使用 readlines () 最方便。

```
for line in f.readlines():
    print(line.strip())    # 把末尾的'\n'删掉
```

2）file-like Object

open() 函数返回的对象在 Python 中称为类文件对象（file-like Object），该函数具有 read() 方法。除了文件，它还可以是内存的字节流、网络流、自定义流等。类文件对象不需要从特定的类继承，只需编写 read() 方法。

StringIO 是在内存中创建的类文件对象，通常用作临时缓冲区。

3）二进制文件

Python 文件读取，默认是读取文本文件和 UTF-8 编码的文本文件。要读取二进制文件，如图片、视频等，请以'rb'模式打开文件。

```
>>> f=open('/Users/python/test.jpg', 'rb')
>>> f.read()
b'\xff\xd8\xff\xe1\x00\x18Exif\x00\x00...'    # 十六进制表示的字节
```

4）字符编码

要读取非 UTF-8 编码的文本文件，需要给 open() 函数传入 encoding 参数，例如，读取 GBK 编码的文件：

```
>>> f=open('/Users/python/gbk.txt', 'r', encoding='gbk')
>>> f.read()
'测试'
```

当遇到不规则编码的文件时，可能会遇到 Unicode 解码错误，因为文本文件中可能混合了一些非法编码的字符。在本例中，open() 函数还接收一个 errors 参数，该参数指示在发生编码错误时如何处理它们。最简单的方法就是直接忽略：

```
>>> f=open('/Users/python/gbk.txt', 'r', encoding='gbk',
    errors='ignore')
```

5）写文件

写文件和读文件是一样的，唯一区别是调用 open() 函数时，传入标识符'w'或者'wb'表示写文本文件或写二进制文件，比如：

```
>>> f=open('/Users/python/test.txt', 'w')
>>> f.write('Hello, python!')
>>> f.close()
```

可以反复调用 write() 来写入文件，但必须调用 f.close() 以关闭文件。当编写文件时，操作系统通常不会立即将数据写入磁盘，而是将数据放入内存缓存中，并在空闲时缓慢写入。当调用 close() 方法时，操作系统确保所有未写入的数据都被写入磁盘。忘记调用 close() 的结果是，数据可能只写到磁盘的一部分，而其余的则丢失了。因此，与 with 语句一起使用仍然是安全的。

```
with open('/Users/python/test.txt', 'w') as f:
    f.write('Hello, python!')
```

要写入特定编码的文本文件，请给 open() 函数传入 encoding 参数，将字符串自动转换成指定编码。

2．StringIO 和 BytesIO

1）StringIO

很多时候，数据读写不一定是文件，也可以在内存中读写。

顾名思义，StringIO 在内存中读写 STR。要将 STR 写入 StringIO，需要先创建一个 StringIO，然后将其写入文件：

```
>>> from io import StringIO
>>> f=StringIO()
>>> f.write('hello')
5
>>> f.write(' ')
1
>>> f.write('python!')
7
>>> print(f.getvalue())
hello world!
```

getValue() 方法用于在写入之后获取 STR。

要读取 StringIO，可以使用 STR 初始化 StringIO，然后像读取文件一样读取它。

```
>>> from io import StringIO
>>> f=StringIO('Hello!\nHei!\nByebye!')
>>> while True:
    s=f.readline()
    if s=='':
        break
    print(s.strip())

Hello!
Hei!
Byebye!
```

2）BytesIO

StringIO 操作只能是 STR，如果要操作二进制数据，需要使用 BytesIO。BytesIO 实现在内存中读写字节。我们创建一个 BytesIO 并写入一些字节：

```
>>> from io import BytesIO
>>> f=BytesIO()
>>> f.write('中文'.encode('utf-8'))
6
>>> print(f.getvalue())
b'\xe4\xb8\xad\xe6\x96\x87'
```

注意，它不是 STR，而是 UTF-8 编码的字节。

与 StringIO 类似，可以使用字节初始化 BytesIO，然后像读取文件一样读取它，比如：

```
>>> from io import BytesIO
>>> f=BytesIO(b'\xe4\xb8\xad\xe6\x96\x87')
>>> f.read()
b'\xe4\xb8\xad\xe6\x96\x87'
```

3．操作系统以及文件操作

1）获取系统信息

如果要操作文件和目录，可以在命令行下面输入操作系统提供的命令。例如，dir、CP 和其他命令。

如果想在 Python 程序中执行这些目录和文件怎么办？实际上，操作系统提供的命令只调用操作系统提供的接口函数，Python 内置 OS 模块也可以直接调用操作系统提供的接口函数。

为了打开 Python 交互式命令行，如下是使用操作系统模块的基本功能：

```
>>> import os
>>> os.name    # 操作系统类型
'posix'
```

如果显示'posix'，说明系统是 Linux、UNIX 或 Mac OS X，如果显示'nt'，说明系统是 Windows 系统。

要获得详细的系统信息，可以调用 uname()函数：

```
>>> os.uname()
posix.uname_result(sysname='Darwin', nodename='MichaelMacPro.local',
    release='14.3.0', version='Darwin Kernel Version 14.3.0: Mon Mar
    23 11:59:05 PDT 2015; root:xnu-2782.20.48~5/RELEASE_X86_64',
    machine='x86_64')
```

注意，uname()函数在 Windows 上不提供，也就是说，OS 模块的某些函数是跟操作系统相关的。

2）环境变量

在操作系统中定义的环境变量，全部保存在 os.environ 这个变量中，可以直接查看：

```
>>> os.environ
environ({'VERSIONER_PYTHON_PREFER_32_BIT': 'no',
    'TERM_PROGRAM_ VERSION': '326', 'LOGNAME': 'michael', 'USER':
    'michael', 'PATH': '/usr/bin:/bin:/usr/sbin:/sbin:/usr/local/
    bin:/opt/X11/bin:/usr/local/mysql/bin', ...})
```

要获取某个环境变量的值，可以调用 os.environ.get('key')：

```
>>> os.environ.get('PATH')
'/usr/bin:/bin:/usr/sbin:/sbin:/usr/local/bin:/opt/X11/bin:/usr/loc
    al/mysql/bin'
>>> os.environ.get('x', 'default')
'default'
```

3）操作文件和目录

操作文件和目录的函数是操作系统模块和操作系统的一部分路径模块。执行查看、创建和删除目录的代码如下：

```
# 查看当前目录的绝对路径：
>>> os.path.abspath('.')
'/Users/python'
# 在某个目录下创建一个新目录，首先把新目录的完整路径表示出来
>>> os.path.join('/Users/michael', 'testdir')
'/Users/python/testdir'
# 然后创建一个目录
>>> os.mkdir('/Users/python/testdir')
# 删掉一个目录
>>> os.rmdir('/Users/python/testdir')
```

当两条路径合并为一条时，不要直接拼写字符串，而是使用操作系统路径函数，它正确地处理不同操作系统的路径分隔符。在 Linux、UNIX 和 Mac 系统下，os.path.join()返回一个字符串，如下所示：

```
part-1/part-2
```

而 Windows 系统下会返回这样的字符串：

```
part-1\part-2
```

类似的，当分隔一个路径时，不想直接分隔字符串，而是通过操作系统路径。函数的作用是：将路径分成两部分，后者总是目录或文件名的最后一层：

```
>>> os.path.split('/Users/python/testdir/file.txt')
('/Users/python/testdir', 'file.txt')
```

os.path.splitext()可以直接让用户得到文件扩展名，很多时候非常方便：

```
>>> os.path.splitext('/path/to/file.txt')
('/path/to/file', '.txt')
```

这些合并和分隔路径不需要目录和文件存在，它们只对字符串进行操作。下面的函数用于文件操作，假设有一个测试当前目录下的 txt 文件：

```
# 对文件重命名：
>>> os.rename('test.txt', 'test.py')
# 删除文件：
>>> os.remove('test.py')
```

但是操作系统模块中不存在复制文件的功能，原因是复制文件不是操作系统提供的系统调用。从理论上讲，可以通过读取和写入前一节中的文件来复制文件，但是需要编写更多的代码。

幸运的是，shutil 模块提供了一个 copy file()函数，用户可以在 shutil 模块中找到许多实用函数，它们可以看作是 OS 模块的补充。

最后，看看如何使用 Python 的特性过滤文件。比如，如果想列出当前目录下的所有目录，只需要一行代码即可完成：

```
>>> [x for x in os.listdir('.') if os.path.isdir(x)]
['.lein', '.local', '.m2', '.npm', '.ssh', '.Trash', '.vim',
    'Applications', 'Desktop', ...]
```

要列出所有的.py 文件，也只需一行代码即可完成：

```
>>> [x for x in os.listdir('.') if os.path.isfile(x) and
    os.path.splitext(x)[1]=='.py']
['apis.py', 'config.py', 'models.py', 'pymonitor.py', 'test_db.py',
    'urls.py', 'wsgiapp.py']
```

4．序列化

1）序列化的定义

在程序运行的过程中，所有的变量都在内存中，比如，定义一个 dict：

```
d=dict(name='Bob', age=20, score=88)
```

变量可以随时更改，例如将名称更改为'bill'，但是一旦程序完成，该变量使用的内存将被操作系统完全回收。如果修改后的'bill'没有存储在磁盘上，那么下次再次运行程序时，变量将初始化为'Bob'。

Python 中的 pickle 称为序列化，其他语言中也叫序列化、编组、扁平化等。

序列化之后，序列化的内容可以写入磁盘或通过网络传输到另一台计算机。相反，将变量内容从序列化对象中重新读入内存称为反序列化或 unpickle。

Python 为序列化提供了 pickle 模块。

首先，尝试序列化一个对象并将其写入文件：

```
>>> import pickle
>>> d=dict(name='Bob', age=20, score=88)
>>> pickle.dumps(d)
b'\x80\x03}q\x00(X\x03\x00\x00\x00ageq\x01K\x14X\x05\x00\x00\x00sco
    req\x02KXX\x04\x00\x00\x00nameq\x03X\x03\x00\x00\x00Bobq\x04u.'
```

pickle.dumps()方法把任意对象序列化成字节，然后，就可以把这个字节写入文件。或者用另一个方法 pickle.dump()直接把对象序列化后写入一个 file-like Object。

```
>>> f=open('dump.txt', 'wb')
>>> pickle.dump(d, f)
>>> f.close()
```

当从磁盘读取对象到内存时，可以将内容读成字节，然后使用 pickle 反序列化对象方法，或使用 pickleload()方法直接从类文件对象转化为反序列化对象。如下是打开另一个 Python 命令行来序列化刚刚保存的对象：

```
>>> f=open('dump.txt', 'rb')
>>> d=pickle.load(f)
>>> f.close()
>>> d
{'age':20,'score':88,'name':'Bob'}
```

变量的内容返回。

当然，这个变量和原始变量是完全不相关的对象，它们只是相同的内容。

pickle 的问题与任何其他编程语言特定的序列化问题一样，是只能用于 Python，而且可能不同版本的 Python 彼此不兼容，所以可以用 pickle 保存不重要的数据，而不成功地反序列化。

2）JSON

如果想交换不同编程语言对象中的数据，我们必须将其序列化成一个标准的格式，如 XML，但更好的方法是序列化为 JSON，因为 JSON 表示一个字符串，可以阅读所有的语言，轻松地存储在磁盘上或通过网络传播。JSON 不仅是一种标准格式，比 XML 更快，而且可以直接在 Web 页面中读取，非常方便。

JSON 表示的对象是标准 JavaScript 语言的对象。JSON 和 Python 内置数据的类型对应如下：

表 7-1　JSON 和 Python 内置数据类型

JSON 类型	Python 类型
{}	dict
[]	list
"string"	str
1234.56	int 或 float
true/false	True/False
null	None

Python 内置的 JSON 模块提供了非常完善的 Python 对象到 JSON 格式的转换。我们先看看如何把 Python 对象变成一个 JSON：

```
>>> import json
>>> d=dict(name='xiewei', age=20, score=89)
>>> json.dumps(d)
'{"age": 20, "score": 89, "name": "xiewei"}'
```

dumps()方法返回一个 str，这是标准 JSON。类似地，dump()方法可以直接将 JSON 写入类似文件的对象中。

要将 JSON 反序列化为 Python 对象，请使用 load()或相应的 load()方法，该方法反序列化 JSON 字符串，后者从类文件对象中读取字符串并反序列化：

```
>>> json_str='{"age": 20, "score": 89, "name": "xiewei"}'
>>> json.loads(json_str)
{'age': 20, 'score': 89, 'name': 'xiewei'}
```

由于 JSON 标准规定 JSON 编码是 UTF-8，所以我们总是能正确地在 Python 的 str 与 JSON 的字符串之间转换。

3）JSON 进阶

Python 的 dict 对象可以被直接序列化为 JSON{}，但很多时候我们更喜欢在类中表示对象，比如定义一个 Student 类，然后序列化：

```
import json

class Student(object):
    def __init__(self, name, age, score):
        self.name=name
        self.age=age
        self.score=score

s=Student('xiewei', 20, 89)
print(json.dumps(s))
```

运行代码，得到一个TypeError：

```
Traceback (most recent call last):
    ...
TypeError: <_main_Student object at 0x10603cc50> is not JSON
    serializable
```

这个错误的原因是Student对象不是一个可以序列化为JSON的对象。

如果连类的实例对象都不能序列化为JSON，这绝对是不合理的。仔细查看dumps()方法的参数列表，可以看到dumps()方法除了第一个obj参数之外，还提供了大量可选参数（见表7-1），这些可选参数让我们自定义JSON序列化。前面的代码无法将Student类实例序列化为JSON的原因是，在默认情况下，dumps()方法不知道如何将Student实例转换为JSON{}对象。

可选参数默认是将任何对象转换为可序列化为JSON的对象。我们只需要为学生写一个变换函数并传递进去。

```
def student2dict(std):
    return {
        'name': std.name,
        'age': std.age,
        'score': std.score
    }
```

这样，Student实例首先被student2dict()函数转换成dict，然后再被顺利序列化为JSON：

```
>>> print(json.dumps(s, default=student2dict))
{"name": "xiewei", "age": 20, "score": 89}
```

但是，如果下次遇到Teacher类的实例，就不能将其序列化为JSON，可以窃取一个懒惰的例子，并把任何类的实例变成dict。

```
print(json.dumps(s, default=lambda obj: obj.__dict__))
```

因为类的实例通常有一个udict_属性，它是存储实例变量的dict。有一些例外，例如类，它定义__slots__。

类似地，如果想将JSON反序列化为Student对象实例，load()方法首先转换为dict对象，然后传入的object_hook函数负责将dict转换为Student实例。

```
def dict2student(d):
    return Student(d['name'], d['age'], d['score'])
```

以上实例执行结果：

```
>>> json_str='{"age": 20, "score": 89, "name": "xiewei"}'
>>> print(json.loads(json_str, object_hook=dict2student))
```

```
<_main_.Student object at 0x10cd3c190>
```

打印出的是反序列化的 Student 实例对象。

7.2　Python 访问数据库

对于简单的应用程序，使用文件作为持久存储通常就足够了，但是大多数复杂的数据驱动应用程序都需要一个功能齐全的关系数据库。本节内容是 Python 访问数据库的讲解，主要围绕 SQLite3 和 MySQL 展开。

1. 使用 SQLite3

SQLite 的目标是在两者之间建立一个中小型系统。它是轻量级的、快速的，没有服务器，很少或不受管理。

SQLite 正在迅速流行起来，它也适用于不同的平台。SQLite 数据库适配器作为 Python 2.5 中的 SQLITE3 模块引入，这是 Python 首次将数据库适配器合并到标准库中。

SQLite 被打包在 Python 中，不是因为它比其他数据库和适配器更受欢迎，而是因为它足够简单，可以像 DBM 模块一样使用文件（或内存）作为后端存储，而不需要服务器，也没有许可证问题。它是 Python 中其他类似的持久存储解决方案的替代品，不过除此之外，它还拥有 SQL 接口。

在标准库中有了这个模块，就可以用 Python 在 SQLite 中更快地开发，并在需要时更容易地移植到功能更强大的 RDBMS 中（如 MySQL、PostgreSQL，在 Oracle 或 SQL Server 中）。如果不需要强大的数据库，那么 SQLITE3 是一个不错的选择。

由于 SQLite 驱动程序内置在 Python 标准库中，可以直接操作 SQLite 数据库，比如：

```
# 导入 SQLite 驱动:
>>> import sqlite3
# 连接到 SQLite 数据库
# 数据库文件是 test.db
# 如果文件不存在，会自动在当前目录创建:
>>> conn=sqlite3.connect('test.db')
# 创建一个 Cursor:
>>> cursor=conn.cursor()
# 执行一条 SQL 语句，创建 user 表:
>>> cursor.execute('create table user (id varchar(20) primary key, name
    varchar(20))')
<sqlite3.Cursor object at 0x10f8aa260>
# 继续执行一条 SQL 语句，插入一条记录:
```

```
>>> cursor.execute('insert into user (id, name) values (\'1\',
    \'Michael\')')
<sqlite3.Cursor object at 0x10f8aa260>
# 通过 rowcount 获得插入的行数:
>>> cursor.rowcount
1
# 关闭 Cursor:
>>> cursor.close()
# 提交事务:
>>> conn.commit()
# 关闭 Connection:
>>> conn.close()
```

尝试查询操作，比如:

```
>>> conn=sqlite3.connect('test.db')
>>> cursor=conn.cursor()
# 执行查询语句:
>>> cursor.execute('select * from user where id=?', ('1',))
<sqlite3.Cursor object at 0x10f8aa340>
# 获得查询结果集:
>>> values=cursor.fetchall()
>>> values
[('1', 'Michael')]
>>> cursor.close()
>>> conn.close()
```

2. 使用 MySQL

MySQL 是 Web 世界中使用最广泛的数据库服务器。SQLite 是轻量级和可嵌入的，但是不能承受高并发访问，适合桌面和移动应用程序。MySQL 是一个服务器端数据库，能够承受高并发访问，并且比 SQLite 消耗更多的内存。此外，MySQL 内部有各种数据库引擎，最常用的引擎是 InnoDB，支持数据库事务。

1) 安装 MySQL 以及 MySQL 驱动

（1）安装 MySQL

可以直接从 MySQL 官方网站下载最新的 Community Server 5.6.x 版本。MySQL 是跨平台的，选择相应的平台下载安装文件并安装。

安装时，MySQL 将提示输入根用户的密码。在 Windows 上，安装时选择 UTF-8 编码以正确处理中文。

在 Mac 或 Linux 上，需要编辑 MySQL 配置文件并将数据库默认编码更改为 UTF-8。MySQL 配置文件默认存储在 /etc/my.cnf 或 /etc/mysql/my.cnf。

```
[client]
default-character-set=utf8

[mysqld]
default-storage-engine=INNODB
character-set-server=utf8
collation-server=utf8_general_ci
```

重启 MySQL 后，可以通过 MySQL 的客户端命令行检查编码：

```
$ mysql -u root -p
Enter password:
Welcome to the MySQL monitor...
...

mysql> show variables like '%char%';
+------------------------+-------------------------------------+
|Variable_name|Value|
+------------------------+-------------------------------------+
|character_set_client|utf8|
|character_set_connection|utf8|
|character_set_database|utf8|
|character_set_filesystem|binary|
|character_set_results|utf8|
|character_set_server|utf8|
|character_set_system|utf8|
|character_sets_dir|/usr/local/mysql-5.1.65-osx10.6-x86_64/share
/charsets/|
+------------------------+-------------------------------------+
8 rows in set (0.00 sec)
```

看到 utf8 字样就表示编码设置正确。

（2）安装 MySQL 驱动

由于 MySQL 服务器以独立的进程运行，并通过网络对外服务，所以，需要支持 Python 的 MySQL 驱动来连接到 MySQL 服务器。MySQL 官方提供了 mysql-connector-Python 驱动，但是安装的时候需要给 pip 命令加上参数 --allow-external：

```
$ pip install mysql-connector-Python --allow-external
    mysql-connector-Python
```

如果上面的命令安装失败，可以试试另一个驱动：

```
$ pip install mysql-connector
```

2）MySQL 数据库连接

在数据库连接之前，需要做以下几点：

① 创建数据库 TESTDB。

② 在 TESTDB 数据库中创建了 EMPLOYEE。

③ EMPLOYEE 表字段为 FIRST_NAME, LAST_NAME, AGE, SEX 和 INCOME。

④ 连接数据库 TESTDB 使用的用户名为"TEST"，密码为"test"，可以自己设定或者直接使用 root 用户名及其密码，MySQL 数据库用户授权请使用 Grant 命令。

以下实例为连接 MySQL 的 TESTDB 数据库：

```
>>> import mysql.connector

# 打开数据库连接
db=mysql.connector.connect("localhost", "TEST", "test", "TESTDB",
    charset='utf8' )

# 使用 cursor()方法获取操作游标
cursor=db.cursor()

# 使用 execute 方法执行 SQL 语句
cursor.execute("SELECT VERSION()")

# 使用 fetchone() 方法获取一条数据
data=cursor.fetchone()

print "Database version : %s " % data

# 关闭数据库连接
db.close()
```

3）创建数据库表以及增删查改操作

（1）创建数据库表

如果数据库连接存在，可以使用 execute()方法来为数据库创建表，如下所示创建表 STUDENT：

```
>>> import mysql.connector

# 打开数据库连接
db=mysql.connector.connect("localhost", "TEST", "test", "TESTDB",
    charset='utf8' )

# 使用 cursor()方法获取操作游标
cursor=db.cursor()

# 如果数据表已经存在，使用 execute() 方法删除表
cursor.execute("DROP TABLE IF EXISTS STUDENT")
```

```python
# 创建数据表SQL语句
sql="""CREATE TABLE STUDENT (
        FIRST_NAME  CHAR(20) NOT NULL,
        LAST_NAME  CHAR(20),
        AGE INT,
        SEX CHAR(1),"""

cursor.execute(sql)

# 关闭数据库连接
db.close()
```

（2）数据库插入操作

以下实例执行 SQL INSERT 语句向表 EMPLOYEE 插入记录：

```python
>>> import mysql.connector

# 打开数据库连接
db=mysql.connector.connect("localhost", "TEST", "test", "TESTDB",
    charset='utf8' )

# 使用cursor()方法获取操作游标
cursor=db.cursor()

# SQL 插入语句
sql="""INSERT INTO EMPLOYEE(FIRST_NAME,
        LAST_NAME, AGE, SEX)
        VALUES ('xie', 'wei', 20, 'M')"""
try:
    # 执行sql语句
    cursor.execute(sql)
    # 提交到数据库执行
    db.commit()
except:
    # Rollback in case there is any error
    db.rollback()

# 关闭数据库连接
db.close()
```

（3）数据库查询操作

Python 查询 MySQL 使用 fetchone() 方法获取单条数据，使用 fetchall() 方法获取多条数据。

查询 STUDENT 表中 age（年龄）字段大于 18 的所有数据：

```python
>>> import mysql.connector
```

```python
# 打开数据库连接
db=mysql.connector.connect("localhost", "TEST", "test", "TESTDB",
    charset='utf8' )

# 使用 cursor()方法获取操作游标
cursor=db.cursor()

# SQL 查询语句
sql="SELECT * FROM STUDENT WHERE AGE > '%d'" % (18)
try:
    # 执行 SQL 语句
    cursor.execute(sql)
    # 获取所有记录列表
    results=cursor.fetchall()
    for row in results:
        fname=row[0]
        lname=row[1]
        age=row[2]
        sex=row[3]
            # 打印结果
        print("fname=%s,lname=%s,age=%s,sex=%s"%(fname, lname, age, sex))
except:
    print("Error: unable to etch data")

# 关闭数据库连接
db.close()
```

以上脚本执行结果如下：

```
fname=xie, lname=wei, age=20, sex=M
```

（4）数据库更新操作

更新操作用于更新数据表的数据，以下实例将 STUDENT 表中的 SEX 字段为 'M' 的 AGE 字段递增 1。

```
>>> import mysql.connector

# 打开数据库连接
db=mysql.connector.connect("localhost", "TEST", "test", "TESTDB",
    charset='utf8')

# 使用 cursor()方法获取操作游标
cursor=db.cursor()

# SQL 更新语句
sql="UPDATE STUDENT SET AGE=AGE+1 WHERE SEX='%c'" % ('M')
```

```python
try:
    # 执行SQL语句
    cursor.execute(sql)
    # 提交到数据库执行
    db.commit()
except:
    # 发生错误时回滚
    db.rollback()

# 关闭数据库连接
db.close()
```

（5）数据库删除操作

删除操作用于从数据表中删除数据。以下示例演示删除数据表 STUDENT 中年龄大于 20 岁的所有数据。

```python
>>> import mysql.connector

# 打开数据库连接
db=mysql.connector.connect("localhost", "TEST", "test", "TESTDB",
    charset='utf8' )

# 使用cursor()方法获取操作游标
cursor=db.cursor()

# SQL 删除语句
sql="DELETE FROM STUDENT WHERE AGE>'%d'"%(20)
try:
    # 执行SQL语句
    cursor.execute(sql)
    # 提交修改
    db.commit()
except:
    # 发生错误时回滚
    db.rollback()

# 关闭连接
db.close()
```

7.3 案 例 精 选

【例 7-1】编写程序，能在当前目录以及当前目录的所有子目录下查找文件名包含指定字符串的文件，并打印出相对路径。

程序代码如下：

```
import os
def find(path,key):
    count_dirs=count_files=0
    for root, dirs, files in os.walk(path):
        for x in files:
            if key in x:
                print(os.path.join(root,x),'文件')
                count_files+=1
        for y in dirs:
            if key in y:
                print(os.path.join(root,y),'目录')
                count_dirs+=1
    print('\n文件数: %d, 目录数: %d'%(count_files,count_dirs))
a=input('请输入路径: ')
b=input('\n请输入关键字:')
find(a,b)
```

将程序保存为 ex7_1.py。运行程序：

```
python ex7_1.py
```

程序运行结果如下：

```
请输入路径: D:\Typora\Typora
请输入关键字:pak
D:\Typora\Typora\chrome_100_percent.pak 文件
D:\Typora\Typora\chrome_200_percent.pak 文件
D:\Typora\Typora\resources.pak 文件
D:\Typora\Typora\locales\am.pak 文件
D:\Typora\Typora\locales\ar.pak 文件
D:\Typora\Typora\locales\bg.pak 文件
D:\Typora\Typora\locales\bn.pak 文件
D:\Typora\Typora\locales\ca.pak 文件
D:\Typora\Typora\locales\cs.pak 文件
D:\Typora\Typora\locales\da.pak 文件
D:\Typora\Typora\locales\de.pak 文件
D:\Typora\Typora\locales\el.pak 文件
D:\Typora\Typora\locales\en-GB.pak 文件
D:\Typora\Typora\locales\en-US.pak 文件
D:\Typora\Typora\locales\es-419.pak 文件
D:\Typora\Typora\locales\es.pak 文件
D:\Typora\Typora\locales\et.pak 文件
D:\Typora\Typora\locales\fa.pak 文件
D:\Typora\Typora\locales\fi.pak 文件
```

```
D:\Typora\Typora\locales\fil.pak 文件
D:\Typora\Typora\locales\fr.pak 文件
D:\Typora\Typora\locales\gu.pak 文件
D:\Typora\Typora\locales\he.pak 文件
D:\Typora\Typora\locales\hi.pak 文件
D:\Typora\Typora\locales\hr.pak 文件
D:\Typora\Typora\locales\hu.pak 文件
D:\Typora\Typora\locales\id.pak 文件
D:\Typora\Typora\locales\it.pak 文件
D:\Typora\Typora\locales\ja.pak 文件
D:\Typora\Typora\locales\kn.pak 文件
D:\Typora\Typora\locales\ko.pak 文件
D:\Typora\Typora\locales\lt.pak 文件
D:\Typora\Typora\locales\lv.pak 文件
D:\Typora\Typora\locales\ml.pak 文件
D:\Typora\Typora\locales\mr.pak 文件
D:\Typora\Typora\locales\ms.pak 文件
D:\Typora\Typora\locales\nb.pak 文件
D:\Typora\Typora\locales\nl.pak 文件
D:\Typora\Typora\locales\pl.pak 文件
D:\Typora\Typora\locales\pt-BR.pak 文件
D:\Typora\Typora\locales\pt-PT.pak 文件
D:\Typora\Typora\locales\ro.pak 文件
D:\Typora\Typora\locales\ru.pak 文件
D:\Typora\Typora\locales\sk.pak 文件
D:\Typora\Typora\locales\sl.pak 文件
D:\Typora\Typora\locales\sr.pak 文件
D:\Typora\Typora\locales\sv.pak 文件
D:\Typora\Typora\locales\sw.pak 文件
D:\Typora\Typora\locales\ta.pak 文件
D:\Typora\Typora\locales\te.pak 文件
D:\Typora\Typora\locales\th.pak 文件
D:\Typora\Typora\locales\tr.pak 文件
D:\Typora\Typora\locales\uk.pak 文件
D:\Typora\Typora\locales\vi.pak 文件
D:\Typora\Typora\locales\zh-CN.pak 文件
D:\Typora\Typora\locales\zh-TW.pak 文件
文件数：56，目录数：0
```

【例 7-2】编写程序，实现在 MySQL 数据库创建表并进行数据操作。

程序代码如下：

```
# -*-code:utf-8-*-
import os
```

```python
import mysql.connector

def CreateTable():
    hcon=mysql.connector.connect(host='localhost', user='root', password='19970806', database='test', charset='utf8')
    hcur=hcon.cursor()
    hcur.execute('drop table if exists contractlist')
    ctable='''
    create table contractlist (
    ID int(10) primary key,
    NAME varchar(20) not null,
    TELF char(11) not null,
    TELS char(11),
    OTHER varchar(50)
    )engine=myisam charset=utf8;
    '''
    hcur.execute(ctable)
    hcur.close()
    hcon.close()

def AddInfo(hcon, hcur):
    id=int(input('please input ID: '))
    name=str(input('please input Name: '))
    telf=str(input('please input Tel 1: '))
    tels=str(input('please input Tel 2: '))
    other=str(input('please input other: '))
    sql="insert into contractlist(id,name,telf,tels,other) values(%s,%s,%s,%s,%s)"
    try:
        hcur.execute(sql, (id, name, telf, tels, other))
        hcon.commit()
    except:
        hcon.rollback()

def DeleteInfo(hcon, hcur):
    SelectInfo(hcon, hcur)
    did=int(input('please input id of delete: '))
    sql="delete from contractlist where id=%s"
    try:
        hcur.execute(sql, (did,))
        hcon.commit()
    except:
        hcon.rollback()

def UpdateInfo(hcon, hcur):
```

```python
        SelectInfo(hcon, hcur)
    did=int(input('please input id of update: '))
    sqlname="update contractlist set name=%s where id=%s"
    name=str(input('please input Name: '))
    try:
        hcur.execute(sqlname, (name, did))
        hcon.commit()
    except:
        hcon.rollback()
    sqltelf="update contractlist set telf=%s where id=%s"
    telf=str(input('please input Tel 1: '))
    try:
        hcur.execute(sqltelf, (telf, did))
        hcon.commit()
    except:
        hcon.rollback()
    sqltels="update contractlist set tels=%s where id=%s"
    tels=str(input('please input Tel 2: '))
    try:
        hcur.execute(sqltels, (tels, did))
        hcon.commit()
    except:
        hcon.rollback()
    sqlothers="update contractlist set other=%s where id=%s"
    other=str(input('please input other: '))
    try:
        hcur.execute(sqlothers, (other, did))
        hcon.commit()
    except:
        hcon.rollback()

def SelectInfo(hcon, hcur):
    hcur.execute("select * from contractlist")
    result=hcur.fetchall()
    ptitle=('ID', 'Name', 'Tel 1', 'Tel 2', 'Other')
    print(ptitle)
    for findex in result:
        print(findex)
    print('')

def Meau():
    print('1.diaplay')
    print('2.add')
    print('3.update')
```

```
            print('4.delete')
            print('5.cls')
            print('0.exit')
            sel=9
            while (sel > 5 or sel < 0):
                sel=int(input('please choice: '))
            return sel
```

将程序保存为 ex7_2.py。运行程序:

```
python ex7_2.py
```

程序运行结果如下:

```
1.diaplay
2.add
3.update
4.delete
5.cls
0.exit
please choice: 1
('ID', 'Name', 'Tel 1', 'Tel 2', 'Other')
1.diaplay
2.add
3.update
4.delete
5.cls
0.exit
please choice: 2
please input ID: 1
please input Name: guan
please input Tel 1: 123
please input Tel 2: 234
please input other: male
1.diaplay
2.add
3.update
4.delete
5.cls
0.exit
please choice: 1
('ID', 'Name', 'Tel 1', 'Tel 2', 'Other')
(1, 'guan', '123', '234', 'male')
```

小　结

　　由于异步 IO 复杂度太高,本章的 IO 编程都是同步模式。在本章中主要介绍了 IO 编程的文件读写、String IO、Bytes IO,了解了编写一个程序,能在当前目录以及当前目录的所有子目录下查找文件名包含指定字符串的文件,并打印出相对路径,以及知道了当默认的序列化或反序列机制不满足要求时,可以传入更多的参数来定制序列化或反序列化的规则,既做到了接口简单易用,又做到了充分的扩展性和灵活性。还介绍了 SQLite 和 MySQL 这两种数据库。MySQL 是 Web 中使用最广泛的数据库服务器之一。SQLite 的特点是轻量级、可嵌入,但不能承受高并发访问,适合桌面和移动应用。而 MySQL 是为服务器端设计的数据库,能承受高并发访问,同时占用的内存也远远大于 SQLite。

第 8 章 Python多线程与异常处理

8.1 Python 多线程

进程（Process）是计算机中的程序关于某数据集合上的一次运行活动，是系统进行资源分配和调度的基本单位，是操作系统结构的基础。

线程是操作系统能够进行运算调度的最小单位（程序执行流的最小单元）。它被包含在进程之中，是进程中的实际运作单位。一条线程指的是进程中一个单一顺序的控制流，一个进程中可以并发多个线程，每条线程并行执行不同的任务。

本节的内容是以进程和线程为基础，讲解多进程和多线程。

1．多进程

多任务处理可以由多个进程完成，也可以由一个进程中的多个线程完成。一个进程由多个线程组成，且一个进程至少有一个线程。

由于线程是操作系统直接支持的执行单元,高级语言通常具有对多线程的内置支持，Python 也不例外，而且 Python 线程是真正的 Posix 线程，而不是模拟线程。

Python 的标准库提供了两个模块:_thread 和 threading。_thread 是低级模块，threading 是高级模块，_thread 是封装的。在大多数情况下，我们只需要使用 threading 这个高级模块。

启动线程是传递一个函数并创建一个线程实例，然后调用 start()来启动执行：

```
import time, threading

# 新线程执行的代码:
def loop():
    print('thread %s is running...' % threading.current_thread().name)
    n=0
    while n<5:
        n=n+1
        print('thread %s >>> %s' % (threading.current_thread().name, n))
        time.sleep(1)
    print('thread %s ended.' % threading.current_thread().name)

print('thread %s is running...' % threading.current_thread().name)
t=threading.Thread(target=loop, name='LoopThread')
t.start()
t.join()
print('thread %s ended.' % threading.current_thread().name)
```

以上实例执行结果:

```
thread MainThread is running...
thread LoopThread is running...
thread LoopThread >>> 1
thread LoopThread >>> 2
thread LoopThread >>> 3
thread LoopThread >>> 4
thread LoopThread >>> 5
thread LoopThread ended.
thread MainThread ended.
```

由于任何进程默认都会启动一个线程,所以我们将这个线程称为主线程,主线程可以启动一个新的线程。Python 的 threading 模块有一个 current_thread()函数,它总是返回当前线程的一个实例。主线程实例的名称为 MainThread,子线程的名称在创建时指定,我们使用 LoopThread 来命名子线程。该名称仅用于打印时显示,没有其他的意义。

2. Lock

多线程和多进程的最大区别是,在多进程中,同一个变量在每个进程中都有一个副本,这不会相互影响。在多线程中,所有变量由所有线程共享,因此,任何一个变量都可以由任何线程修改。在线程之间共享数据的最大危险是多个线程同时更改一个变量,并且更改内容。

多线程同时操纵一个变量会出现的问题:

```
import time, threading

# 假定这是你的银行存款:
balance=0

def change_it(n):
    # 先存后取,结果应该为 0:
    global balance
    balance=balance+n
    balance=balance-n

def run_thread(n):
    for i in range(100000):
        change_it(n)

t1=threading.Thread(target=run_thread, args=(5,))
t2=threading.Thread(target=run_thread, args=(8,))
t1.start()
t2.start()
t1.join()
t2.join()
print(balance)
```

我们定义了一个共享变量 balance,初始值为 0,并且启动两个线程,先存后取,理论上结果应该为 0。但是,由于线程的调度是由操作系统决定的,当 t1、t2 交替执行时,只要循环次数足够多,balance 的结果不一定是 0。因为高级语言的一条语句在 CPU 执行时是若干条语句,即使一个简单的计算,比如:

```
balance=balance+n
```

也分两步:

① 计算 balance+n,存入临时变量中;
② 将临时变量的值赋给 balance。

以上两步相当于:

```
x=balance+n
balance=x
```

由于 x 是局部变量,两个线程各自都有自己的 x,当代码正常执行时:

```
初始值 balance=0

t1: x1=balance+5      # x1=0+5=5
t1: balance=x1        # balance=5
t1: x1=balance-5      # x1=5-5=0
t1: balance=x1        # balance=0
```

```
t2: x2=balance+8        # x2=0+8=8
t2: balance=x2          # balance=8
t2: x2=balance-8        # x2=8-8=0
t2: balance=x2          # balance=0
```

结果 balance=0

但是 t1 和 t2 是交替运行的，如果操作系统以下面的顺序执行 t1、t2：

```
初始值 balance=0

t1: x1=balance+5        # x1=0+5=5

t2: x2=balance+8        # x2=0+8=8
t2: balance=x2          # balance=8

t1: balance=x1          # balance=5
t1: x1=balance-5        # x1=5-5=0
t1: balance=x1          # balance=0

t2: x2=balance-8        # x2=0-8=-8
t2: balance=x2          # balance=-8
```

结果 balance=-8

原因是修改 balance 需要多个语句，当执行这些语句时，线程可能会中断，导致多个线程混淆同一个对象的内容。

当两个线程同时一存一取时，必须确保当一个线程修改 balance 时，其他线程不能被更改。

如果想确保 balance 计算正确，需要给 change_it()一个锁。当一个线程开始执行 change_it()时，说明线程已经获得了锁，因此其他线程不能同时执行 change_it()。只能等待直到锁被释放，并且可以在获得锁之后更改它。因为只有一个锁，不管有多少线程，最多一个线程同时持有锁，所以不存在修改冲突。创建一个锁是通过 thread.lock ()实现的：

```
balance=0
lock=threading.Lock()

def run_thread(n):
    for i in range(100000):
        # 先要获取锁：
        lock.acquire()
        try:
            # 放心地改吧：
            change_it(n)
        finally:
```

```
        # 改完了一定要释放锁:
        lock.release()
```

当多个线程同时执行 lock.acquire()时,只有一个线程能够成功获取锁,然后继续执行代码,其他线程继续等待,直到获得锁。

获得锁的线程必须在锁用完之后释放锁,否则等待锁的线程将永远等待并成为一个死线程,所以使用 try...finally 确保锁被释放。

锁的优点是确保某段关键代码只能由一个线程从头到尾完整地执行。但是,锁也存在很多缺点:第一,它防止多线程并发执行,包含锁的某段代码只能处于单线程模式,执行效率就大大降低;第二,由于可能存在多个锁,持有不同锁的不同线程试图获取另一方持有的锁,可能会导致死锁,导致多个线程挂起,既不执行也不结束,它只能被操作系统强制终止。

3. 多核 CPU

如果有一个多核 CPU,多核应该能够同时执行多个线程。那么,当写一个无限循环时会发生什么?

打开 Mac OS X 活动监视器或 Windows 任务管理器,可以监视进程的 CPU 使用情况,可以发现无限循环线程将占用 100%的 CPU。

如果有两个无限循环线程,在一个多核 CPU 中,可以监视它占用 CPU 的 200%,即占用两个 CPU 核心。

要运行 N 核 CPU 的所有核心,必须启动 N 个无限循环线程。尝试用 Python 写个死循环:

```
import threading, multiprocessing

def loop():
    x=0
    while True:
        x=x^1

for i in range(multiprocessing.cpu_count()):
    t=threading.Thread(target=loop)
    t.start()
```

启动与 CPU 核心数量相同的 N 个线程,在 4 核 CPU 上可以监控到 CPU 占用率仅有 102%,也就是仅使用了一核。

但是用 C、C++或 Java 来改写相同的死循环,直接可以把全部核心跑满,4 核就跑到 400%,8 核就跑到 800%,为什么 Python 不行呢?

因为 Python 的线程虽然是真正的线程,但解释器执行代码时,有一个 GIL 锁(Global Interpreter Lock),任何 Python 线程执行前,必须先获得 GIL 锁。然后,每执行 100 条字节码,解释器就自动释放 GIL 锁,让别的线程有机会执行。这个 GIL

全局锁实际上把所有线程的执行代码都给上了锁。所以，多线程在 Python 中只能交替执行，即使 100 个线程跑在 100 核 CPU 上，也只能用到 1 个核。

GIL 是 Python 解释器设计的历史遗留问题，通常我们用的解释器是官方实现的 CPython，要真正利用多核，除非重写一个不带 GIL 的解释器。

所以，在 Python 中，可以使用多线程，但不要指望能有效利用多核。如果一定要通过多线程利用多核，那只能通过 C 语言扩展来实现，不过这样就失去了 Python 简单易用的特点。

4．ThreadLocal

在多线程环境中，每个线程都有自己的数据。线程最好使用自己的局部变量，而不是全局变量，因为局部变量只能由线程自己看到，不会影响其他线程。

虽然 ThreadLocal 变量是全局变量，但是每个线程只能读写自己线程的独立副本，而不会互相干扰。ThreadLocal 解决了线程中函数之间传递参数的问题。但局部变量也存在问题，即当函数被调用时，传递起来非常麻烦，比如：

```
def process_student(name):
    std=Student(name)
    # std是局部变量，但是每个函数都要用它，因此必须传进去
    do_task_1(std)
    do_task_2(std)

def do_task_1(std):
    do_subtask_1(std)
    do_subtask_2(std)

def do_task_2(std):
    do_subtask_2(std)
    do_subtask_2(std)
```

每个函数一层一层调用都这么传参数是不可取的，但是用全局变量也不行，因为每个线程处理不同的 Student 对象，所以不能共享。

如果用一个全局 dict 存放所有的 Student 对象，然后以 thread 自身作为 key 获得线程对应的 Student 对象，比如：

```
global_dict={}

def std_thread(name):
    std=Student(name)
    # 把std放到全局变量global_dict中
    global_dict[threading.current_thread()]=std
    do_task_1()
    do_task_2()
```

```python
def do_task_1():
    # 不传入 std,而是根据当前线程查找
    std=global_dict[threading.current_thread()]
    ...

def do_task_2():
    # 任何函数都可以查找出当前线程的 std 变量
    std=global_dict[threading.current_thread()]
    ...
```

这种方式理论上是可行的,它最大的优点是消除了 std 对象在每层函数中的传递问题。

ThreadLocal 应运而生,不用查找 dict,ThreadLocal 可以自动做这件事。

```python
import threading

# 创建全局 ThreadLocal 对象:
local_school=threading.local()

def process_student():
    # 获取当前线程关联的 student
    std=local_school.student
    print('Hello,%s (in %s)' % (std, threading.current_thread().name))

def process_thread(name):
    # 绑定 ThreadLocal 的 student:
    local_school.student=name
    process_student()

t1=threading.Thread(target= process_thread, args=('Alice',),
    name='Thread-A')
t2=threading.Thread(target= process_thread, args=('Bob',),
    name='Thread-B')
t1.start()
t2.start()
t1.join()
t2.join()
```

以上实例执行结果:

```
Hello, Alice (in Thread-A)
Hello, Bob (in Thread-B)
```

全局变量 local_school 是一个 ThreadLocal 对象,每个线程都可以读写 student 属性,但是它们不会相互影响。可以将 local_school 看作一个全局变量,但是每个属性 local_school.student 都是线程的局部变量,它可以在不互相干扰的情况下读

写，也不需要管理锁，ThreadLocal 将在内部处理它。

可以理解，全局变量 local_school 是一个 dict，不但可以用 local_school.student，还可以绑定其他变量，如 local_school.teacher 等。

ThreadLocal 最常见的用法是将数据库连接、HTTP 请求、用户身份信息等绑定到每个线程，这样线程的所有调用函数都可以方便地访问这些资源。

8.2　Python 异常

程序中可能会出现异常，比如，当想要读取一个文件，而该文件不存在，或者在程序运行时不小心删除了它，这时可以使用异常来处理这些情况。如果程序中有一些无效语句，Python 会提出并告诉用户这里有一个处理此情况的错误。本章将介绍错误、异常以及处理和引发异常等。

1．错误

考虑一个简单的 print 语句。假如我们把 print 误拼为 Print，这样 Python 会引发一个语法错误：

```
>>> Print('Hello Python')
Traceback (most recent call last):
 File "<pyshell#0>", line 1, in <module>
  Print('Hello Python')
NameError: name 'Print' is not defined
>>> print('Hello Python')
Hello Python
```

我们可以看到有一个 NameError 被抛出，并且检测到的错误位置也被打印了出来，这是这个错误的错误处理器所做的工作。

2．异常

我们尝试读取用户的一段输入，按【Ctrl+D】组合键：

```
>>> s=input('Enter --> ')
Enter -->
Traceback (most recent call last):
File "<pyshell#2>", line 1, in <module>
s=input('Enter --> ')
EOFError: EOF when reading a line
```

Python 引发了一个名为 EOF error 的错误，这基本上意味着它找到了文件的一个不想要的结尾。

3. 处理异常

我们可以用 try...except 处理异常的语句。我们将通常的语句放在 try 块中，并将错误处理语句放在 except 块中，比如：

```python
#!/usr/bin/Python
# 文件名：try_except.py

try:
    text=input('Enter --> ')
except EOFError:
    print('Why did you do an EOF on me?')
except KeyboardInterrupt:
    print('You cancelled the operation.')
else:
    print('You entered {0}'.format(text))
```

以上实例执行结果如下：

```
$ Python try_except.py
Enter --> # 按下 ctrl-d
Why did you do an EOF on me?

 $ Python try_except.py 6 Enter --> # Press ctrl-c
You cancelled the operation.

$ Python try_except.py
Enter --> no exceptions
You entered no exceptions
```

我们将所有可能引起错误的语句放在 try 块中，然后在 except 子句/块中处理所有错误和异常。except 子句可以专门处理单个错误或异常，或用括号括起来的一组错误/异常。如果没有给出错误或异常名称，它将处理所有错误和异常。

4. 引发异常

可以使用 raise 语句抛出异常，还必须指定错误/异常的名称和异常触发的异常对象。可以抛出的错误或异常应该分别是 Error 或 Exception 类的直接或间接导出类，比如：

```python
class ShortInputException(Exception):
    '''用户定义的异常类'''
    def __init__(self, length,atleast):
        Exception.__init__(self)
        self.length=length
        self.atleast=atleast
```

```
try:
    text=input('Enter -->')
    if len(text)<3:
        raise ShortInputException(len(text),3)
# 其他的工作可以在这里照常进行
except EOFError:
    print('Why did you do an EOF on me')
except ShortInputException as ex:
    print('ShortInputException The input was {0} long, excepted atleast
        {1}'.format(ex.length, ex.atleast))
else:
    print('No exception was raised.')
```

以上实例执行结果如下：

```
$ Python raising.py
Enter something --> a
ShortInputException: The input was 1 long, expected at least 3

$ Python raising.py
Enter something --> abc
No exception was raised.
```

在这里，我们已经创建了自己的异常类型，事实上，可以使用任何预定义的异常/错误，这个新的异常类型是 ShortInputException 类。它有两个字段——length 是给定输入的长度，而 atleast 是程序期望的最小长度。在 except 子句中，提供了错误类和表示 error/exception 对象的变量，这类似于函数调用中的形式和参数概念。在这个特殊的 except 子句中，我们使用异常对象的 length 和 atleast 域来为用户打印一个恰当的消息。

5．Try...Finally

如果在读取一个文件，并希望在无论异常发生与否的情况下都关闭文件，这可以使用 finally 块来完成。在 try 块中，可以同时使用 except 子句和 finally 块。如果想同时使用它们，需要将一个嵌入到另一个中，比如：

```
#!/usr/bin/Python
# 文件名：finally.py

import time

try:
    f=open('C:/Users/Nur/Desktop/SDRTest/readme.txt',
encoding='utf-8')
    while True:               # 我们常用的文件阅读习语
```

```
            line=f.readline()
            if len(line)==0:
                break
            print(line, end='')
            time.sleep(2)          # 确保它能运行一段时间
    except KeyboardInterrupt:
        print('!! You cancelled the reading from the file.')
    finally:
        f.close()
        print('(Cleaning up: closed the file)')
```

以上实例执行结果如下：

```
$ Python finally.py
Programming is fun
When the work is done
if you wanna make your work also fun:
!! You cancelled the reading from the file.
(Cleaning up: Closed the file)
```

在进行通常的读文件工作时，可以有意在每打印一行之前用 time.sleep 方法暂停 2 秒。这样做的原因是为了让程序运行得更慢（因为 Python 的特性，它通常运行得非常快）。当程序运行时，按【Ctrl+C】组合键中断/取消程序。我们可以观察到触发了 KeyboardInterrupt 异常并退出程序，但是在程序退出之前，仍然执行 finally 子句，关闭文件。

6．with 语句

在 try 块中获得资源，随后又在 finally 块中释放资源，这是一种常见的模式。目前，with 语句也能以清晰的方式完成这样的功能，比如：

```
#!/usr/bin/Python
# 文件名: using_with.py

with open("poem.txt") as f:
    for line in f:
        print(line,end='')
```

输出应该与前面示例的输出相同。这里的不同之处在于在 with 语句中使用 open()函数——with open()就能使得在结束的时候自动关闭文件。屏幕后面发生的事情是 with 语句使用了一个协议。获取 open()函数返回的对象，它被称为 thefile。thefile.enter()函数总是在启动后台代码块之前被调用，在代码块结束后又会调用 thefile.exit()函数。

所以用 finally 块编写的代码应该注意 exit() 方法，这有助于避免反复使用显式的 try...finally 语句。

8.3　正则表达式

正则表达式为高级文本模式匹配、抽取、与/或文本的搜索和替换功能提供了基础。简单地说，正则表达式（regex）是描述模式重复或多个字符表达式的一串字符和特殊符号。因此，正则表达式能按照某种模式匹配一系列有相似特征的字符串。

1. 基础

正则表达式是匹配字符串的强大武器,它的设计思想是使用描述性语言为字符串定义规则。任何符合规则的字符串，我们认为它"匹配"，否则，字符串是非法的。

由于正则表达式也由字符串表示。因此，首先需要了解如何使用字符来描述字符。

在正则表达式中，如果直接给出一个字符，它就是一个精确匹配。使用"\d"匹配一个数字，"\w"可以匹配一个字母或数字，所以：'00\d'可以匹配'001'，但无法匹配'00A'；'\d\d\d'可以匹配'010'；'\w\w\d'可以匹配'py3'。

"."可以匹配任意字符，所以'py.'可以匹配'pyc'、'pyo'、'py!'等。

要匹配变长的字符，在正则表达式中，用"*"表示任意个字符（包括 0 个），用"+"表示至少一个字符，用"?"表示 0 个或 1 个字符，用"{n}"表示 n 个字符，用"{n,m}"表示 n-m 个字符。

2. 进阶

要进行更精确的匹配，可以使用[]来表示范围，比如：
- [0-9a-zA-Z_]可以匹配一个数字、字母或下画线。
- [0-9a-zA-Z_]+可以匹配由至少一个数字、字母或下画线组成的字符串，如'a100'、'0_Z'、'Py3000'等。
- [a-zA-Z_][0-9a-zA-Z_]*可以匹配由字母或下画线开头，后接任意个由一个数字、字母或者下画线组成的字符串，也就是 Python 合法的变量。
- [a-zA-Z_][0-9a-zA-Z_]{0, 19}更精确地限制了变量的长度是 1～20 个字符（前面 1 个字符+后面最多 19 个字符）。
- A|B 可以匹配 A 或 B，所以(P|p)ython 可以匹配'Python'或者'Python'。
- ^表示行的开头，^\d 表示必须以数字开头。
- $表示行的结束，\d$表示必须以数字结束。

3. re 模块

Python 提供 re 模块,包含所有正则表达式的功能。由于 Python 的字符串本身也用"\"转义,所以要特别注意:

```
s='ABC\\-001'
# Python 的字符串对应的正则表达式字符串变成: 'ABC\-001'
```

因此,强烈建议使用 Python 的 r 前缀,就不用考虑转义的问题了:

```
s=r'ABC\-001'
# Python 的字符串对应的正则表达式字符串不变: 'ABC\-001'
```

判断正则表达式是否匹配:

```
>>> import re
>>> re.match(r'^\d{3}\-\d{3,8}$', '010-12345')
<_sre.SRE_Match object; span=(0, 9), match='010-12345'>
>>> re.match(r'^\d{3}\-\d{3,8}$', '010 12345')
>>>
```

match()方法判断是否匹配,如果匹配成功,返回一个 match 对象,否则返回 None。常见的判断方法是:

```
test='用户输入的字符串'
if re.match(r'正则表达式', test):
    print('ok')
else:
    print('failed')
```

4. 切分字符串

用正则表达式切分字符串比用固定的字符更灵活,正常的切分代码:

```
>>> 'a b   c'.split(' ')
['a', 'b', '', '', 'c']
```

显然无法识别连续的空格,用正则表达式:

```
>>> re.split(r'\s+', 'a b   c')
['a', 'b', 'c']
```

无论多少个空格都可以正常分隔,加入:

```
>>> re.split(r'[\s\,]+', 'a,b, c  d')
['a', 'b', 'c', 'd']
```

再加入:

```
>>> re.split(r'[\s\,\;]+', 'a,b;; c  d')
```

```
['a', 'b', 'c', 'd']
```

5. 分组

除了简单地决定是否匹配之外，正则表达式还具有提取子字符串的能力。使用()表示要提取的分组(Group)，比如，^(\d{3})-(\d{3,8})$分别定义了两个组，可以从匹配字符串中直接提取区号和本地号码：

```
>>> m=re.match(r'^(\d{3})-(\d{3,8})$', '010-12345')
>>> m
<_sre.SRE_Match object; span=(0, 9), match='010-12345'>
>>> m.group(0)
'010-12345'
>>> m.group(1)
'010'
>>> m.group(2)
'12345'
```

如果正则表达式中定义了组，就可以在 Match 对象上用 group()方法提取出子串来。

6. 贪婪匹配

需要特别指出的是，正则匹配默认是贪婪匹配，也就是匹配尽可能多的字符。比如，匹配出数字后面的 0：

```
>>> re.match(r'^(\d+)(0*)$', '102300').groups()
('102300', '')
```

因为"\d+"使用贪婪匹配，所以所有后续的 0 都是直接匹配的，导致 0*只匹配空字符串。

必须让"\d+"使用非贪婪匹配（即尽可能少的匹配）来匹配下面的 0，加上"?"可以让"d+"使用非贪婪匹配，比如：

```
>>> re.match(r'^(\d+?)(0*)$', '102300').groups()
('1023', '00')
```

7. 编译

在 Python 中使用正则表达式时，我们在 re 模块中做两件事：
① 编译正则表达式，如果正则表达式的字符串不合法，它将报告错误。
② 使用已编译的正则表达式匹配字符串。

如果一个正则表达式要被重复使用数千次，出于效率的考虑，可以对它进行预编译，然后就不需要编译这个步骤进行重用，直接匹配，比如：

```
>>> import re
# 编译：
>>> re_telephone=re.compile(r'^(\d{3})-(\d{3,8})$')
# 使用：
>>> re_telephone.match('010-12345').groups()
('010', '12345')
>>> re_telephone.match('010-8086').groups()
('010', '8086')
```

编译后生成 Regular Expression 对象。因为对象本身包含正则表达式，所以调用对应的方法时不需要给出正则字符串。

8.4 案 例 精 选

【例 8-1】 有四个线程，每个线程只打印一个字符，这四个字符分别是 a b c d，现在编写程序实现四个线程顺序打印 a b c d，且每个线程都打印 10 次。

程序代码如下：

```python
import threading

a_event=threading.Event()
b_event=threading.Event()
c_event=threading.Event()
d_event=threading.Event()

def print_a(event, next_event):
    for i in range(10):
        event.wait()           # 等待时间触发
        print('a')
        event.clear()          # 内部标识设置为 True,下一次循环进入阻塞状态
        next_event.set()

def print_b(event, next_event):
    for i in range(10):
        event.wait()
        print('b')
        event.clear()
        next_event.set()

def print_c(event, next_event):
    for i in range(10):
        event.wait()
        print('c')
        event.clear()
```

```
            next_event.set()

def print_d(event, next_event):
    for i in range(10):
        event.wait()
        print('d')
        event.clear()
        next_event.set()

a_thread=threading.Thread(target=print_a, args=(a_event, b_event))
b_thread=threading.Thread(target=print_b, args=(b_event, c_event))
c_thread=threading.Thread(target=print_c, args=(c_event, d_event))
d_thread=threading.Thread(target=print_d, args=(d_event, a_event))

a_thread.start()
b_thread.start()
c_thread.start()
d_thread.start()

# 此时,所有的线程都处于阻塞状态
a_event.set()
```

将程序保存为 ex8_1.py。运行程序:

```
python ex8_1.py
```

程序运行结果如下:

```
a
b
c
d
a
b
c
d
a
b
c
d
a
b
c
d
a
```

```
b
c
d
a
b
c
d
a
b
c
d
a
b
c
d
a
b
c
d
a
b
c
d
a
b
c
d
a
b
c
d
```

【例 8-2】编写程序，生成 1~10 随机整数，猜它的具体数值，如输入错误的数据类型输出异常。

程序代码如下：

```
import random

    secret=random.randint(1, 10)
    print('--------------------python异常练习题--------------------')
    try:
        temp=input("不妨猜一下心里想的是哪个数字: ")
        guess=int(temp)
    except (ValueError, EOFError, KeyboardInterrupt):
        print('输入错误类型值！')
        guess=secret
    while guess!=secret:
        temp=input("猜错了, 请重新输入: ")
        guess=int(temp)
        if guess==secret:
            print("恭喜猜对了！")
```

```
        else:
            if guess>secret:
                print("太大喽")
            else:
                print("太小喽")
    print("游戏结束")
```

将程序保存为 ex8_2.py。运行程序:

python ex8_2.py

程序运行结果如下:

```
-------------------python异常练习题-------------------
不妨猜一下心里想的是哪个数字: 3.4
输入错误类型值!
游戏结束
```

【例 8-3】编写程序,在一个字符串中去除数字之间的逗号。
程序代码如下:

```
import re

    sen="abc,123,456,789,mnp"
    p=re.compile("\d+,\d+?")

    for com in p.finditer(sen):
        mm=com.group()
        print("hi:", mm)
        print("sen_before:", sen)
        sen=sen.replace(mm, mm.replace(",", ""))
        print("sen_back:", sen, '\n')
```

将程序保存为 ex8_3.py。运行程序:

python ex8_3.py

程序运行结果如下:

```
hi: 123,4
sen_before: asd,123,456,789,qwe
sen_back: asd,123456,789,qwe

hi: 56,7
sen_before: asd,123456,789,qwe
sen_back: asd,123456789,qwe
```

小　　结

本章为读者介绍了多线程，线程是最小的执行单元，而进程由至少一个线程组成。如何调度进程和线程，完全由操作系统决定，程序本身不能决定什么时候执行，执行多长时间。还有多线程的程序涉及同步、数据共享的问题，编写起来更复杂。在程序运行过程中，总会遇到各种各样的错误。错误类型有3种：用户输入造成的、程序编写有问题造成的、完全无法在程序运行过程中预测的。读者看完本章内容可以了解到Python内置了一套异常处理机制，来帮助进行错误处理。虽然异常和错误的出现都无法使程序正常运行，但是异常和错误有很大区别。本章还介绍了正则表达式，正则表达式就是可以匹配文本片段的模式，所有关于正则表达式的操作都使用Python标准库中的re模块。本章还讲解了使用正则表达式切分字符串和提取字符串分组，读者需要理解贪婪匹配和编译正则表达式。

第9章 Python网络编程

网络编程就是如何在程序中实现两台计算机的通信。比如，当使用浏览器访问搜狐网时，计算机就和搜狐的某台服务器通过互联网连接起来了，然后，搜狐的服务器把网页内容作为数据通过互联网传输到计算机上。

网络编程对所有开发语言都是一样的，Python也不例外。用Python进行网络编程，就是在Python程序本身这个进程内，连接别的服务器进程的通信端口进行通信。

在网络编程中，TCP编程和UDP编程使用最多并且使用效果很好。

9.1 TCP/IP 简介

计算机联网，通信协议必须规范，早期的计算机网络，都是由制造商自己规定的一套协议，IBM、苹果和微软都有自己的网络协议，彼此不兼容。

为了连接世界上所有不同类型的计算机，必须指定一个全局协议。为了实现Internet的目标，网际协议套件是通用的协议标准。互联网是连接到网络的网络。有了互联网，任何私人网络都可以连接到公共网络，只要它支持这个协议。

因特网协议包含数百个协议标准，但是两个最重要的协议是TCP和IP协议，因此因特网协议被称为TCP/IP协议。

在交流时，双方必须知道对方的身份。因特网上每个计算机的唯一标识符是IP地址，类似于123.123.123.123。如果一台计算机同时访问两个或多个网络，例如路由器，它将有两个或多个IP地址。

IP协议负责通过网络将数据从一台计算机发送到另一台计算机。数据被分割成小块并通过 IP 分组发送。由于因特网链路复杂，并且在两台计算机之间经常有多条线路，路由器负责决定如何转发 IP 分组。IP 分组通常由块发送，并由多条路由寻址，但不能保证到达，也不能保证按顺序到达。

IP 地址实际上是 32 位整数（称为 IPv4），而表示为字符串的 IP 地址（如192.168.0.1）实际上是将 32 位整数分组为 8 位以便于阅读的数字。

IPv6 地址实际上是一个 128 位整数，它目前使用的是 IPv4 升级，它是目前使用的 IPv4 的升级版。以字符串表示类似于 2001:0db8:85a3:0042:1000:8a2e:0370:7334。

TCP 是基于 IP 协议的。TCP 协议负责在两台计算机之间建立可靠的连接，以确保数据包按顺序到达。TCP 协议通过握手来建立连接，然后对每个 IP 分组进行编号，以确保它是按顺序接收的，并且如果丢失该分组，则自动重新发送。

许多常用的高级协议都是基于 TCP 的，例如用于浏览器的 HTTP 和用于发送邮件的 SMTP。

除了要传输的数据之外，TCP 分组还包含源 IP 地址和目标 IP 地址、源端口和目标端口。

端口是做什么的？当两台计算机通信时，仅仅发送一个 IP 地址是不够的，因为多个网络程序在同一台计算机上运行。当 TCP 包到来时，需要端口号来区分是否将其交给浏览器。每个网络程序向操作系统应用唯一的端口号，从而在两台计算机之间建立网络连接的两个进程需要它们的 IP 地址和它们各自的端口号。

进程还可以同时连接到多台计算机，因此它可以应用多个端口。

9.2 TCP 编程

Socket 是一种抽象的网络编程概念。通常，我们使用一个套接字来表示"打开网络连接"。要打开一个套接字，需要知道目标计算机的 IP 地址和端口号，然后指定协议类型。

1. 客户端

大多数连接都是可靠的 TCP 连接。创建 TCP 连接时，主动启动连接的客户端和被动响应连接的服务器被调用。

例如，当在浏览器中访问新浪时，用户的计算机是客户端，浏览器将启动与新浪服务器的连接。如果一切顺利，新浪的服务器接受用户的连接，建立一个 TCP 连接，随后的通信是发送 Web 内容。所以，要创建一个基于 TCP 连接的 Socket，比如：

```
# 导入 socket 库
import socket

# 创建一个 socket
```

```
s=socket.socket(socket.AF_INET, socket.SOCK_STREAM)
# 建立连接
s.connect(('www.sina.com.cn', 80))
```

当创建 Socket 时，AFIFNET 指定 IPv4 协议和 AFFiNET6，如果要使用更高级的 IPv6。SockJFROW 指定使用面向流的 TCP 协议，以便成功创建套接字对象，但尚未建立连接。

要启动 TCP 连接，客户端必须知道服务器的 IP 地址和端口号。新浪网站的 IP 地址可以自动转换为域名 www.sina.com，但是怎么知道新浪服务器的端口号呢？

答案是，作为一个服务器，端口号必须是固定的。由于用户想要访问网页，新浪提供的 Web 服务器必须确定端口号 80，端口号 80 是 Web 服务的标准端口。其他服务也具有标准端口号，例如端口 25 为 SMTP 服务，端口 21 为 FTP 服务等。端口号小于 1024 是互联网标准服务端口，端口号大于 1024 则可随意使用。

因此，连接新浪服务器的代码如下：

```
s.connect(('www.sina.com.cn', 80))
```

注意参数是一个 tuple，包含地址和端口号。

建立 TCP 连接后，我们就可以向新浪服务器发送请求，要求返回首页的内容：

```
# 发送数据：
s.send(b'GET/HTTP/1.1\r\nHost: www.sina.com.cn\r\nConnection:
    close\r\n\r\n')
```

TCP 连接创建双向通道，在这两个通道中，双方可以同时发送数据。但是谁先发，怎么协调，要根据具体的协议来决定。例如，HTTP 协议规定客户端必须首先向服务器发送请求，然后服务器将数据发送给客户端。

发送的文本必须是 HTTP 格式。如果格式正确，则可以接收由新浪服务器返回的数据。

```
# 接收数据：
buffer=[]
while True:
    # 每次最多接收1k字节
    d=s.recv(1024)
    if d:
        buffer.append(d)
    else:
        break
data=b''.join(buffer)
```

接收数据调用 recv(max)方法，该方法一次接收最多指定数量的字节，因此在 while 循环中重复该方法，直到 recv()返回空数据，表示它已经完成接收并退出循环。

接收到数据后,调用close()方法关闭套接字,完成网络通信:

```
# 关闭连接
s.close()
```

接收到的数据包括HTTP头和网页本身,我们只需要把HTTP头和网页分离一下,把HTTP头打印出来,网页内容保存到文件:

```
header, html=data.split(b'\r\n\r\n', 1)
print(header.decode('utf-8'))
# 把接收的数据写入文件
with open('sina.html', 'wb') as f:
    f.write(html)
```

现在,只需要在浏览器中打开这个sina.html文件,就可以看到新浪的首页了。

2. 服务器

服务器编程比客户端编程更复杂。

服务器进程首先绑定端口并监听来自其他客户端的连接。如果连接了客户端,则服务器与该客户端建立套接字连接,随后的通信依赖于该套接字。

因此,服务器将打开一个固定端口(比如80)来侦听并为每个客户端连接创建套接字连接。由于服务器将有大量来自客户端的连接,服务器需要能够告诉哪个套接字连接绑定到哪个客户端。套接字依赖于4个项目:服务器地址、服务器端口、客户端地址、客户端端口,以唯一地确定套接字。

但是服务器也需要同时响应多个客户端请求,因此每个连接需要一个新的进程或线程来处理,否则服务器只能一次服务一个客户端。

编写一个简单的服务器程序,它接收客户端连接,向客户端发送的字符串添加hello,并将其返回。

首先,创建一个基于IPv4和TCP协议的Socket:

```
s=socket.socket(socket.AF_INET, socket.SOCK_STREAM)
```

然后要绑定监视器的地址和端口。服务器可能有多个网卡,这些网卡可以绑定到网卡的 IP 地址,或者绑定到所有网络地址(0.0.0),或者绑定到本地地址(127.0.0.1)。127.0.0.1是一个特殊的IP地址,表示本地地址。如果绑定到这个地址,客户端必须同时在本地运行才能连接,即外部计算机不能连接。

端口号需要提前指定。因为我们编写的服务不是标准服务,所以使用9999端口号。注意,小于1024的端口号必须具有管理员权限才能绑定:

```
# 监听端口
s.bind(('127.0.0.1', 9999))
```

紧接着，调用 listen()方法开始监听端口，传入的参数指定等待连接的最大数量：

```
s.listen(5)
print('Waiting for connection...')
```

接下来，服务器程序通过一个永久循环来接受来自客户端的连接，accept()会等待并返回一个客户端的连接：

```
while True:
    # 接受一个新连接
    sock, addr=s.accept()
    # 创建新线程来处理TCP连接
    t=threading.Thread(target=tcplink, args=(sock, addr))
    t.start()
```

每个连接都必须创建新线程（或进程）来处理，否则，单线程在处理连接的过程中无法接受其他客户端的连接：

```
def tcplink(sock, addr):
    print('Accept new connection from %s:%s...' % addr)
    sock.send(b'Welcome!')
    while True:
        data=sock.recv(1024)
        time.sleep(1)
        if not data or data.decode('utf-8') == 'exit':
            break
        sock.send(('Hello, %s!' % data.decode('utf-8')).encode('utf-8'))
    sock.close()
    print('Connection from %s:%s closed.' % addr)
```

在建立连接之后，服务器首先发送欢迎消息，然后等待客户端数据并在发送到客户端之前添加 hello。如果客户端发送退出字符串，则直接关闭连接。

为了测试服务器程序，还需要编写一个客户端程序：

```
s=socket.socket(socket.AF_INET, socket.SOCK_STREAM)
# 建立连接
s.connect(('127.0.0.1', 9999))
# 接收欢迎消息
print(s.recv(1024).decode('utf-8'))
for data in [b'Michael', b'Tracy', b'Sarah']:
    # 发送数据
    s.send(data)
    print(s.recv(1024).decode('utf-8'))
```

```
s.send(b'exit')
s.close()
```

我们需要打开两个命令行窗口,一个运行服务器程序,另一个运行客户端程序,就可以看到效果了,如图 9-1 所示。

图 9-1　实例运行效果

9.3　UDP 编程

TCP 是一个可靠的连接,双方都可以以流的形式发送数据。相对于 TCP,UDP 是一个无连接的协议。

在使用 UDP 协议时,不需要建立连接,只需要知道对方的 IP 地址和端口号,就可以直接发送数据包。但如果没有发送到,我们也不会知道。

虽然使用 UDP 传输数据是不可靠的,但是它的优点是比 TCP 更快,并且不需要可靠的数据到达就可以使用。

让我们看看如何通过 UDP 协议传输数据。与 TCP 类似,使用 UDP 的通信端也分为客户端和服务器端。服务器首先需要绑定端口:

```
s=socket.socket(socket.AF_INET, socket.SOCK_DGRAM)
# 绑定端口
s.bind(('127.0.0.1', 9999))
```

创建 Socket 时，SOCK_DGRAM 指定了这个 Socket 的类型是 UDP。绑定端口和 TCP 一样，但是不需要调用 listen()方法，而是直接接收来自任何客户端的数据：

```
print('Bind UDP on 9999...')
while True:
    # 接收数据
    data, addr=s.recvfrom(1024)
    print('Received from %s:%s.' % addr)
    s.sendto(b'Hello, %s!' % data, addr)
```

recvfrom()方法返回数据和客户端的地址和端口，这样当服务器接收到数据时，它可以通过直接调用 sento()来使用 UDP 将数据发送到客户端。

注意，这节省了多个线程，因为这个例子很简单。

当客户端使用 UDP 时，它仍然首先创建一个基于 UDP 的套接字，然后不调用 contute()，直接通过 sdetto()发送数据到服务器：

```
s=socket.socket(socket.AF_INET, socket.SOCK_DGRAM)
for data in [b'Michael', b'Tracy', b'Sarah']:
    # 发送数据：
    s.sendto(data, ('127.0.0.1', 9999))
    # 接收数据：
    print(s.recv(1024).decode('utf-8'))
s.close()
```

从服务器接收数据仍然调用 recv()方法。

9.4 案例精选

【例 9-1】编写程序，使用 Socket 实现一个最简单的 Web 服务器。实现内容：在浏览器输入 http://localhost:8080/，得到内容"hello world"，并升级 Sever，加 path 后也能正确响应。如 http://localhost:8080/name，显示内容"my name is qing"。

程序代码如下：

```
import socket

    # 创建 socket
    server=socket.socket(socket.AF_INET, socket.SOCK_STREAM)
    server.setsockopt(socket.SOL_SOCKET, socket.SO_REUSEADDR, 1)
    # 绑定 ip 和端口
    server.bind(('0.0.0.0', 8080))
    # 开始监听
```

```python
server.listen(1)

def get_path(data):
    index=data.find("\r\n")
    if index==-1:
        return ""
    first_line=data[:index]
    arrs=first_line.split()
    if len(arrs) != 3:
        return ""
    path=arrs[1]
    return path

def get_html_by_path(path):
    if path=='/':
        return get_index()
    elif path=="/name":
        return get_name()
    else:
        return get_404()

html_string="""
    <html>
    <head>
    <title>simple server</title>
    </head>
    <body>
    <p>{content}</p>
    </body>
    </html>
"""

head_string="HTTP/1.1 {status}\r\nServer: simple server\r\n" \
        "Content-Type: text/html; charset=utf-8\r\n" \
        "Content-Length: {length}\r\nConnection: close\r\n\r\n"

def get_html(status, content):
    html=html_string.format(content=content)
    length=len(html.encode())
    head=head_string.format(status=status, length=length)
    return head + html

def get_404():
    return get_html('404 NOT FOUND', "你访问的资源不存在")

def get_name():
```

```
        return get_html("200 OK", "my name is qing")

    def get_index():
        return get_html("200 OK", "hello world")

while True:
    # 等待客户端连接
    clientsocket, address=server.accept()
    # 接收客户端的数据
    data=clientsocket.recv(1024).decode()
    path=get_path(data)

    msg=get_html_by_path(path)
    # 向客户端发送数据
    clientsocket.send(msg.encode())
    # 关闭连接
    clientsocket.close()
server.close()
```

将程序保存为 ex9_1.py。运行程序：

```
python ex9_1.py
```

程序运行结果如下：

浏览器输入：http://localhost:8080/

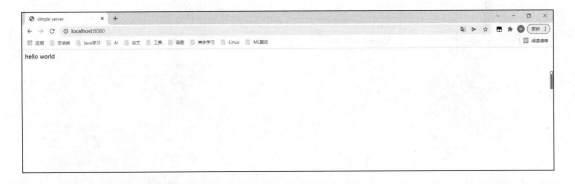

浏览器输入：http://localhost:8080/name

小　　结

　　本章内容为Python网络编程，主要介绍了TCP编程和UDP编程。用TCP协议进行Socket编程在Python中十分简单，对于客户端，要主动连接服务器的IP和指定端口，对于服务器，要首先监听指定端口，然后，对每一个新的连接，创建一个线程或进程来处理。通常，服务器程序会无限运行下去。

　　TCP是建立可靠连接，并且通信双方都可以以流的形式发送数据。相对TCP，UDP则是面向无连接的协议。使用UDP协议时，不需要建立连接，只需要知道对方的IP地址和端口号，就可以直接发数据包，但是，传输数据不可靠。虽然用UDP传输数据不可靠，但它的优点是速度快，对于不要求可靠到达的数据，就可以使用UDP协议。

第10章 树莓派智能车实战项目

本章基于树莓派智能车,使用 Python 实现智能车的基础和进阶应用。基础应用包括点亮 LED 灯、点亮呼吸灯、控制智能车移动和传感器数据读取;进阶应用包括使用指令、图形界面、数据库、文件控制智能车。

10.1 基础实战项目

1. 树莓派的 GPIO 定义

1) GPIO 基本介绍

GPIO(General Purpose I/O Ports)为通用输入/输出端口,通俗地说,就是一些引脚,可以通过它们输出高低电平或者通过它们读入引脚的状态——是高电平或是低电平。GPIO 是个比较重要的概念,用户可以通过 GPIO 口和硬件进行数据交互(如 UART),控制硬件工作(如 LED、蜂鸣器等),读取硬件的工作状态信号(如中断信号)等。GPIO 口的使用非常广泛。掌握了 GPIO,相当于掌握了操作硬件的能力。

树莓派上的 GPIO 如图 10-1 所示,GPIO 口详细图如图 10-2 所示。

从图 10-2 上可以看到,每一个针脚都有 Pin#和 NAME 字段。Pin 代表的是该针脚的编号,其中 01 和 02 针脚对应图 10-1 中 GPIO 最右边竖排的两个针脚。而 NAME 代表的是该针脚的 BCM 名称。当然,从 NAME 也可以直接看得出针脚的默认功能。比如 3.3 V 和 5 V 代表着该针脚会输出 3.3 V 和 5 V 的电压,Ground 代表着该针脚是接地的,GPIO0*则是一些待用户开发的针脚。每个针脚都可以使用程序进行控制操作。

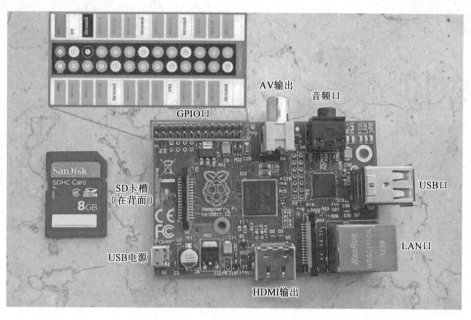

图 10-1　树莓派上的 GPIO

Pin#	NAME		NAME	Pin#
01	3.3v DC Power		DC Power 5v	02
03	GPIO02（SDA1, I²C）		DC Power 5v	04
05	GPIO03（SCL1, I²C）		Ground	06
07	GPIO04（GPIO_GCLK）		（TXD0）GPIO14	08
09	Ground		（RXD0）GPIO15	10
11	GPIO17（GPIO_GEN0）		（GPIO_GEN1）GPIO18	12
13	GPIO27（GPIO_GEN2）		Ground	14
15	GPIO22（GPIO_GEN3）		（GPIO_GEN4）GPIO23	16
17	3.3v DC Power		（GPIO_GEN5）GPIO24	18
19	GPIO10（SPI_MOSI）		Ground	20
21	GPIO09（SPI_MISO）		（GPIO_GEN6）GPIO25	22
23	GPIO11（SPI_CLK）		（SPI_CE0_N）GPIO08	24
25	Ground		（SPI_CE1_N）GPIO07	26
27	ID_SD（I²C ID EEPROM）		（I²C ID EEPROM）ID_SC	28
29	GPIO05		Ground	30
31	GPIO06		GPIO12	32
33	GPIO13		Ground	34
35	GPIO19		GPIO16	36
37	GPIO26		GPIO20	38
39	Ground		GPIO21	40

图 10-2　GPIO 口详细图

2）控制 GPIO

想用 Python 来控制 GPIO，最便捷的办法就是使用一些 Python 类库，比如树莓派系统本身集成的 RPi.GPIO。下面详细介绍如何使用 RPi.GPIO 来控制 GPIO。

（1）导入 RPi.GPIO 模块

可以用下面的代码导入 RPi.GPIO 模块。

```
import RPi.GPIO as GPIO
```

导入之后，就可以使用 GPIO 模块的函数了。如果想检查模块是否引入成功，也可以这样写：

```
try:
    import RPi.GPIO as GPIO
except RuntimeError:
    print("引入错误")
```

（2）针脚编号

在 RPi.GPIO 中，同时支持树莓派上的两种 GPIO 引脚编号。

第一种编号是 BOARD 编号，这和树莓派电路板上的物理引脚编号相对应。使用这种编号的好处是，硬件将是一直可以使用的，不用担心树莓派的版本问题。因此，在电路板升级后，不需要重写连接器或代码。

第二种编号是 BCM 规则，是更底层的工作方式，它和 Broadcom 的片上系统中信道编号相对应。在使用一个引脚时，需要查找信道号和物理引脚编号之间的对应规则。对于不同的树莓派版本，编写的脚本文件也可能是无法通用的。

可以使用下列代码（强制的）指定一种编号规则：

```
GPIO.setmode(GPIO.BOARD)
  # 或者
GPIO.setmode(GPIO.BCM)
```

下面代码将返回被设置的编号规则：

```
mode=GPIO.getmode()
```

（3）警告

如果 RPi.GRIO 检测到一个引脚已经被设置成了非默认值，那么将看到一个警告信息。可以通过下列代码禁用警告：

```
GPIO.setwarnings(False)
```

（4）引脚设置

在使用一个引脚前，需要设置这些引脚作为输入还是输出。配置一个引脚的代码如下：

```
# 将引脚设置为输入模式
```

```
GPIO.setup(channel, GPIO.IN)
# 将引脚设置为输出模式
GPIO.setup(channel, GPIO.OUT)
# 为输出的引脚设置默认值
GPIO.setup(channel, GPIO.OUT, initial=GPIO.HIGH)
```

（5）释放

一般来说，程序到达最后都需要释放资源，这个好习惯可以避免偶然损坏树莓派。释放脚本中的使用的引脚：

```
GPIO.cleanup()
```

注意，GPIO.cleanup()只会释放脚本中使用的GPIO引脚，并会清除设置的引脚编号规则。

（6）输出

要想点亮一个LED灯，或者驱动某个设备，都需要给电流和电压，这个步骤也很简单，设置引脚的输出状态就可以了，代码如下：

```
GPIO.output(channel, state)
```

状态可以设置为：0/GPIO.LOW/False，1/GPIO.HIGH/True。如果编码规则为GPIO.BOARD，那么channel就是对应引脚的数字。

如果想一次性设置多个引脚，可使用下面的代码：

```
chan_list=[11,12]
GPIO.output(chan_list, GPIO.LOW)
GPIO.output(chan_list, (GPIO.HIGH, GPIO.LOW))
```

还可以使用Input()函数读取一个输出引脚的状态并将其作为输出值，例如：

```
GPIO.output(12, not GPIO.input(12))
```

（7）读取

我们也常常需要读取引脚的输入状态，获取引脚输入状态的代码如下：

```
GPIO.input(channel)
```

低电平返回0 / GPIO.LOW / False，高电平返回1 / GPIO.HIGH / True。

如果输入引脚处于悬空状态，引脚的值将是漂动的。换句话说，读取到的值是未知的，因为它并没有被连接到任何信号上，直到按下一个按钮或开关。由于干扰的影响，输入的值可能会反复变化。

使用如下代码可以解决问题：

```
GPIO.setup(channel, GPIO.IN, pull_up_down=GPIO.PUD_UP)
  # 或者
GPIO.setup(channel, GPIO.IN, pull_up_down=GPIO.PUD_DOWN)
```

需要注意的是，上面的读取代码只是获取当前一瞬间的引脚输入信号。

如果需要实时监控引脚的状态变化，可以有两种办法。最简单原始的方式是每隔一段时间检查输入的信号值，这种方式被称为轮询。如果程序读取的时机错误，则很可能会丢失输入信号。轮询是在循环中执行的，这种方式比较占用处理器资源。另一种响应 GPIO 输入的方式是使用中断（边缘检测），这里的边缘是指信号从高到低的变换（下降沿）或从低到高的变换（上升沿）。

（8）轮询方式

```
while GPIO.input(channel)==GPIO.LOW:
    time.sleep(0.01)    # wait 10 ms to give CPU chance to do other things
```

（9）边缘检测

边缘是指信号状态的改变，从低到高（上升沿）或从高到低（下降沿）。通常情况下，我们更关心输入状态的改变而不是输入信号的值。这种状态的改变被称为事件。

先介绍两个函数：

① wait_for_edge() 函数：

wait_for_edge()被用于阻止程序的继续执行，直到检测到一个边缘。也就是说，上面等待按钮按下的实例可以改写为：

```
channel=GPIO.wait_for_edge(channel, GPIO_RISING, timeout=5000)
if channel is None:
    print('Timeout occurred')
else:
    print('Edge detected on channel', channel)
```

② add_event_detect() 函数：

该函数对一个引脚进行监听，一旦引脚输入状态发生了改变，调用 event_detected()函数会返回 true，代码如下：

```
GPIO.add_event_detect(channel, GPIO.RISING)  # add rising edge
    detection on a channel
do_something()
// 下面的代码放在一个线程循环执行
if GPIO.event_detected(channel):
    print('Button pressed')
```

上面的代码需要自己新建一个线程去循环检测 event_detected()的值，是比较麻烦的。

不过可采用另一种办法轻松检测状态，这种方式是直接传入一个回调函数：

```
def my_callback(channel):
    print('This is a edge event callback function!')
    print('Edge detected on channel %s'%channel)
    print('This is run in a different thread to your main program')
```

```
GPIO.add_event_detect(channel, GPIO.RISING, callback=my_callback)
```

如果想设置多个回调函数,可以这样写:

```
def my_callback_one(channel):
    print('Callback one')

def my_callback_two(channel):
    print('Callback two')

GPIO.add_event_detect(channel, GPIO.RISING)
GPIO.add_event_callback(channel, my_callback_one)
GPIO.add_event_callback(channel, my_callback_two)
```

注意:回调触发时,并不会同时执行回调函数,而是根据设置的顺序调用它们。

2. 案例精选

1)点亮 LED 灯

上面讲解了 GPIO 函数库的用法,现在来看如何点亮一个 LED 灯。

(1)第一步:编写代码之前,首先需要将 LED 灯的针脚通过杜邦线连接到树莓派的引脚上,比如可以连接到 11 号引脚。

(2)第二步:新建一个 main.py 文件,写入如下代码:

```
import RPi.GPIO as GPIO        //引入函数库
import time

RPi.GPIO.setmode(GPIO.BOARD)        //设置引脚编号规则
RPi.GPIO.setup(11,RPi.GPIO.OUT) //将11号引脚设置成输出模式

while True
    GPIO.output(channel, 1)     //将引脚的状态设置为高电平,此时 LED 亮了
    time.sleep(1)               //程序休眠1秒,让 LED 亮1秒
    GPIO.output(channel, 0)     //将引脚状态设置为低电平,此时 LED 灭了
    time.sleep(1)               //程序休眠1秒,让 LED 灭1秒

GPIO.cleanup()                  //程序的最后别忘记清除所有资源
```

(3)保存,并退出文件。执行 python3 main.py,即可观看效果。按【Ctrl+C】组合键可以关闭程序。

2)点亮呼吸灯

此 Python 函数库还支持 PWM 模式的输出,可以利用 PWM 来制作呼吸灯效果。代码如下:

```
import time
```

```
import RPi.GPIO as GPIO    //引入库
GPIO.setmode(GPIO.BOARD)   //设置编号方式
GPIO.setup(12, GPIO.OUT)   //设置12号引脚为输出模式

p=GPIO.PWM(12, 50)         //将12号引脚初始化为PWM实例，频率为50 Hz
p.start(0)                 //开始脉宽调制，参数范围为 (0.0 <= dc <= 100.0)
try:
    while 1:
        for dc in range(0, 101, 5):
            p.ChangeDutyCycle(dc) //修改占空比，参数范围为 (0.0<=dc<=100.0)
            time.sleep(0.1)
        for dc in range(100, -1, -5):
            p.ChangeDutyCycle(dc)
            time.sleep(0.1)
except KeyboardInterrupt:
    pass
p.stop()                   //停止输出PWM波
GPIO.cleanup()             //清除
```

3．智能车移动控制

图 10-3 所示为树莓派 GPIO 引脚与智能车超声波传感器、红外传感器以及电机引脚的连线图。如图所示，树莓派的 IN1～IN4 四个 GPIO 引脚分别与电机的引脚相连，其中，IN1（对应 GPIO 引脚号 12）能够控制左轮前进，IN2（对应 GPIO 引脚号 16）能够控制左轮后退，IN3（对应 GPIO 引脚号 18）能够控制右轮前进，IN4（对应 GPIO 引脚号 22）能够控制右轮后退。

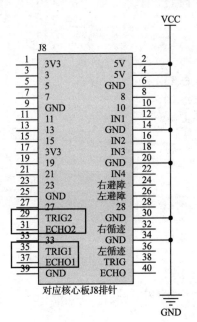

图 10-3　树莓派核心板

现在控制智能车向左移动，即保持左轮不动，右轮前进，只需要将控制右轮前进的引脚状态赋值为 1（高电平），故引脚状态 IN1=0、IN2=0、IN3=1、IN4=0。

下面讲解控制智能车的具体操作步骤：

（1）连接智能小车，搜索 Wi-Fi 热点并输入密码，例如，搜索无线网络 QUST-ROBOT-xxx，输入密码 12345678 进行连接。

（2）登录远程桌面。

（3）输入树莓派的密码，密码为 raspberry。

（4）打开树莓派 Linux 操作系统的终端。

（5）创建空白 Python 程序文件，在终端输入 nano left.py（left 可以由任意名称替换）。

（6）编写 Python 程序：

```
import time
import RPi.GPIO as gpio        #调用 GPIO 函数库
gpio.setwarnings(False)        #减少不必要的警告
def init():                    #初始化函数
    gpio.setmode(gpio.BOARD)   #使用 BOARD 编码方式
    gpio.setup(12,gpio.OUT)    #引脚 12 设置为输出
    gpio.setup(16,gpio.OUT)    #引脚 16 设置为输出
    gpio.setup(18,gpio.OUT)    #引脚 18 设置为输出
    gpio.setup(22,gpio.OUT)    #引脚 22 设置为输出
def left(runtime):             #定义小车左拐函数
    init()                     #调用初始化函数
    gpio.output(12,False)      #对应 IN1,False 代表不执行动作
    gpio.output(16,False)      #对应 IN2
    gpio.output(22,False)      #对应 IN4
    gpio.output(18,True)       #对应 IN3,True 代表右轮前进
    time.sleep(runtime)        #引脚当前状态保持 runtime 秒
    gpio.cleanup()             #清空引脚状态
def stop():                    #定义小车停止函数
    init()
    gpio.output(12,False)
    gpio.output(16,False)
    gpio.output(22,False)
    gpio.output(18,False)
    gpio.cleanup()
try:
    left(10)                   #向左跑 10s
except KeyboardInterrupt:      #按计算机任意键程序停止
    stop()
```

（7）运行程序，按【Ctrl+X】组合键保存退出编辑，在终端中输入 python left.py 执行程序。

4. 读取红外传感器数据

下面讲解如何接收红外传感器返回的数据，如图 10-3 所示，树莓派 24 和 26 号 GPIO 引脚分别连接至左侧和右侧的红外传感器的引脚，因此使用 GPIO.input() 函数读取此引脚上的数据即可。

程序代码如下：

```
import RPi.GPIO as GPIO
GPIO.setmode(GPIO.BOARD)
GPIO.setwarnings(False)
GPIO.setup(26,GPIO.IN)
GPIO.setup(24,GPIO.IN)

while True:
    in_right=GPIO.input(24)
    in_left=GPIO.input(26)
    print("right sensor is:%d\n" % in_right)
    print("left sensor is%d\n" % in_left)
```

5. 读取超声波传感器数据

下面讲解如何接受红外传感器返回的数据，如图 10-3 所示，树莓派 38 和 40 号 GPIO 引脚连接至前方传感器的引脚，树莓派 29 和 31 号 GPIO 引脚连接至右方传感器的引脚树莓派 35 和 37 号 GPIO 引脚连接至左方传感器的引脚。

如图 10-4 所示，超声波传感器的工作原理为：树莓派向传感器的 Trig 引脚输出一个 10 us 以上的高电平，超声波传感器模块内部自动向外发送 8 个 40 kHz 的方波，然后树莓派等待传感器 Echo 引脚的高电平输出，一旦有高电平输出记录时间，当此口变为低电平时再次记录时间，记录的时间差为超声波往返的时间。

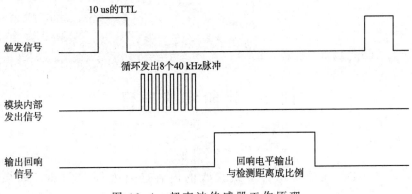

图 10-4　超声波传感器工作原理

以右侧传感器为例，使用超声波传感器测距的程序代码如下：

```python
import os
def find(path,key):
    count_dirs=count_files=0
    for root, dirs, files in os.walk(path):
        for x in files:
            if key in x:
import RPi.GPIO as gpio       #第一行引用后，可以设置中文注释
import time
import sys
import random

gpio.setwarnings(False)       #去掉一些不必要的警告
def init():
    gpio.setmode(gpio.BOARD) #GPIO调用BOARD编号方式
    gpio.setup(29,gpio.OUT)
    gpio.setup(31,gpio.IN)

def distance():
    init()
    gpio.output(29,True)      #发出触发信号保持10 us以上（15 us）
    time.sleep(0.000015)
    gpio.output(29,False)
    while not gpio.input(31):
        pass
    t1=time.time()            #发现高电平时开时计时
    while gpio.input(31):
        pass
    t2=time.time()            #高电平结束停止计时
    return (t2-t1)*34000/2    #返回距离，单位为厘米
    gpio.cleanup()
    return distance
while True:
    dis=distance()
    print('The distance is: %0.2f cm'%dis)
    time.sleep(1)
```

10.2　进阶实战项目

1. 项目介绍

智能车通过 UDP 通信将从计算机接收的内容进行处理，例如，如果接收到的

信息是'w',就执行前进指令,通过调节占空比和 PWM 调速的数据,根据指令执行相应的操作。

在计算机端用程序写一个界面,设置按钮,创建一个暂时的数据库(如果不是暂时的程序就不能重复运行),当"前进"按钮按下时,就把 'w' 这一个字符存到数据库的表格中,其他操作按钮(除"执行命令按钮")也是如此,任意输完想操作的按钮,最后单击"执行命令"按钮,就轮询数据库,把数据库所存的指令通过 UDP 通信依次发送给小车,小车端就开始按照信息执行指令。执行完后,把数据库清空,以便能够重复使用程序。

最终,智能车在实现前进、后退、左转和右转移动基础上,使它走一个简单的"口"字路线,或"Z"字路线。

2．智能车项目要求

本次智能车项目要求为以下六点:

(1)在智能小车树莓派系统上运行程序,可控制小车前进、后退、左转、右转。进一步,可控制小车走一个简单的"口"字路线或"Z"字路线等。

(2)计算机作为服务器,通过网络通信控制小车运行。

(3)一台计算机控制两台小车运行。

(4)将指令人工写入数据库(可用 SQLite 数据库)中,编写程序轮询数据库最新指令,将指令通过网络通信下发至小车,控制小车运行。

(5)增加一个界面(可用 Python、Java、C 或网页等方案),将控制指令通过界面写入数据库;通过 Python 轮询数据库最新指令;指令通过网络通信下发至小车,控制小车运行。

(6)进一步优化:

① 可将 SQLite 数据库改为使用网络数据库,如 MySQL、SQL Server、Oracle 或 MangoDB 等。

② 测试程序运行稳定性,优化程序处理逻辑。

3．项目设计与实现

1)指令控制智能车

(1)打开智能车电源开关,使计算机连接小车 Wi-Fi:搜索无线网络 QUST-ROBOT-xxx,输入 Wi-Fi 密码 12345678。

(2)打开 FileZilla 软件:输入主机 192.168.12.1 用户名 pi,密码 raspberry,端口 22,单击"快速连接"按钮。如图 10-5 所示即连接成功。在左操作框中找到本地的 receivercontrol.py 文件,按住鼠标左键拖到右操作框的一个目录下(最好拖到 pi 目录下的 Desktop 文件夹下,放到桌面方便使用)。

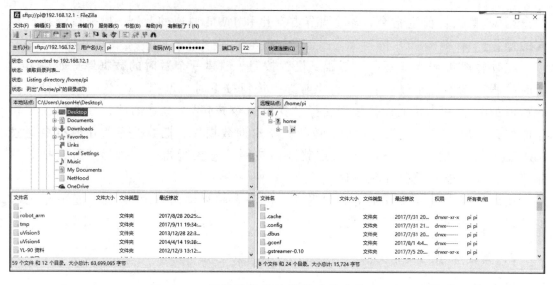

图 10-5　利用软件使计算机连接小车 Wi-Fi

receivercontrol.py 代码如下：

```python
import time
import RPi.GPIO as gpio

gpio.setwarnings(False)          #减少不必要的警告
import socket                    #使用IPV4协议，使用UDP协议传输数据

def init():
    gpio.setmode(gpio.BOARD)     #BOARD编码方式
    gpio.setup(12, gpio.OUT)     #引脚设置为输出
    gpio.setup(16, gpio.OUT)
    gpio.setup(18, gpio.OUT)
    gpio.setup(22, gpio.OUT)

def forward(runtime):
    init()
    p=gpio.PWM(18, 50)
    q=gpio.PWM(12, 50)
    p.start(50)
    q.start(50)
    time.sleep(runtime)
    gpio.cleanup()

def retreat(runtime):
    init()
    p=gpio.PWM(16, 50)
    q=gpio.PWM(22, 50)
    p.start(50)
```

```python
        q.start(50)
        time.sleep(runtime)
        gpio.cleanup()

    def left(runtime):
        init()
        p=gpio.PWM(16, 50)
        q=gpio.PWM(18, 50)
        p.start(50)
        q.start(50)
        time.sleep(runtime)
        gpio.cleanup()

    def right(runtime):
        init()
        p=gpio.PWM(12, 50)
        q=gpio.PWM(22, 50)
        p.start(50)
        q.start(50)
        time.sleep(runtime)
        gpio.cleanup()

    # 绑定端口和端口号，空字符串表示本机任何可用IP地址
    s=socket.socket(socket.AF_INET, socket.SOCK_DGRAM)
    s.bind(('192.168.12.1', 5000))
    while True:
        data, addr=s.recvfrom(1024)
        # 显示接收到的内容
        data=data.decode()
        print('received message:{0}from PORT{1[1]}on{1[0]}'. format(data, addr))
        if data.lower()[0:-3]=='forward':
            forward(float(data.lower()[-3:-1]))
        if data.lower()[0:-3]=='retreat':
            retreat(float(data.lower()[-3:-1]))
        if data.lower()[0:-3]=='right':
            right(float(data.lower()[-3:-1]))
        if data.lower()[0:-3]=='left':
            left(float(data.lower()[-3:-1]))
        if data.lower()=='bye':
            break
    s.close()
```

（3）使用 Windows 自带的远程桌面连接小车，如图 10-6 所示。输入用户名 pi，密码 respberry。单击 OK 按钮，即可远程登录到小车树莓派系统。

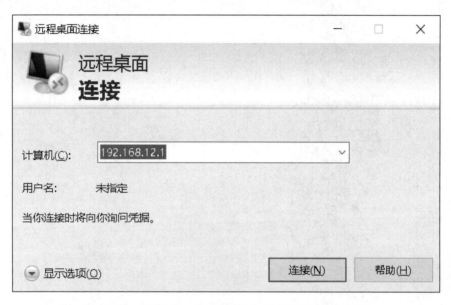

图 10-6 使用 Windows 自带的远程桌面连接小车

（4）找到 receivercontrol.py 并运行。

（5）通过 UDP 协议手动输入信息发送给小车的方式实现对小车的控制。

● 在本地打开 inputsender.py 并运行。

inputsender.py 代码如下：

```
import socket
import sys

# 建立UDP通信连接
s=socket.socket(socket.AF_INET, socket.SOCK_DGRAM)
# 从键盘读入指令后打印并发送
while True:
    row=input('please input command:')
    print(row)
    s.sendto(row.encode() , ("192.168.12.1" ,5000))
    if row=='bye':
        break
# 关闭UDP通信连接
s.close()
```

● 输入 forward/retreat/left/right+数字，如图 10-7 所示，即可实现智能车的前进、后退、左转、右转操作。

2）PythonGUI 控制智能车

打开 widsender.py 文件，运行 widsender.py，其界面如图 10-8 所示。

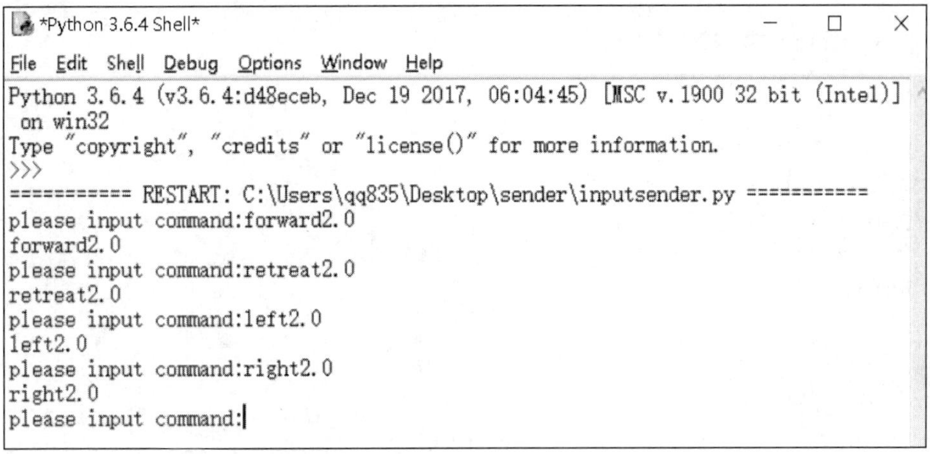

图 10-7 在 Python 环境下运行指令

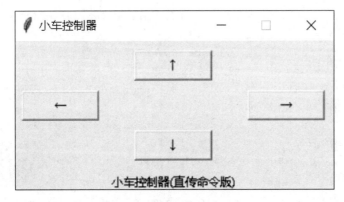

图 10-8 Python GUI 界面

widsender.py 代码如下:

```
from tkinter import *
import socket
import sys

root=Tk()
root.title("小车控制器")

root.resizable(0, 0)    # 阻止 Python GUI 的大小调整

s=socket.socket(socket.AF_INET, socket.SOCK_DGRAM)

def Forward():
    row="forward2.0"
    s.sendto(row.encode(), ("192.168.12.1", 5000))
    print("forward")
```

```
def Left():
    row="left2.0"
    s.sendto(row.encode(), ("192.168.12.1", 5000))
    print("Left")

def Right():
    row="right2.0"
    s.sendto(row.encode(), ("192.168.12.1", 5000))
    print("Right")

def Retreat():
    row="retreat2.0"
    s.sendto(row.encode(), ("192.168.12.1", 5000))
    print("Retreat")

Button(root, text="↑", width=10, command=Forward) \
    .grid(row=0, column=5, pady=10)
Button(root, text="←", width=10, command=Left) \
    .grid(row=5, column=0, padx=10)
Button(root, text="→", width=10, command=Right) \
    .grid(row=5, column=10, padx=10)
Button(root, text="↓", width=10, command=Retreat) \
    .grid(row=13, column=5, pady=10)
Label(root, text="小车控制器(直传命令版)").grid(row=15, column=5)
mainloop()
```

单击"↑""↓""←""→"四个按钮即可实现对小车的前进、后退、左转、右转的操作。

3）数据库控制智能车

（1）将数据写入数据库，首先打开 SQLite 数据库 SQLiteStudio.exe，在数据库栏中单击"添加数据库"，打开 writesql 文件夹，这里有两个 py 文件：pywritesql.py 表示在 py 文件中通过代码将数据写入数据库；widwritesql.py 表示通过界面方式将数据写入数据库。打开 pywritesql.py 并运行，然后打开 SQLite 软件，刷新后，出现界面如图 10-9 所示，表示数据写入成功。

pywritesql.py 代码如下：

```
import sqlite3
conn=sqlite3.connect('D:\mysql.db')
c=conn.cursor()
# 如果未发现表 com 则插入表 com
c.execute('''CREATE TABLE if not exists com (command text)''')
# 插入多条记录
c.execute("INSERT INTO com VALUES ('forward2.0')")
```

```
c.execute("INSERT INTO com VALUES ('retreat2.0')")
c.execute("INSERT INTO com VALUES ('left2.0')")
c.execute("INSERT INTO com VALUES ('right2.0')")
# 提交当前事务,保存数据
conn.commit()
# 关闭数据库连接
conn.close()
```

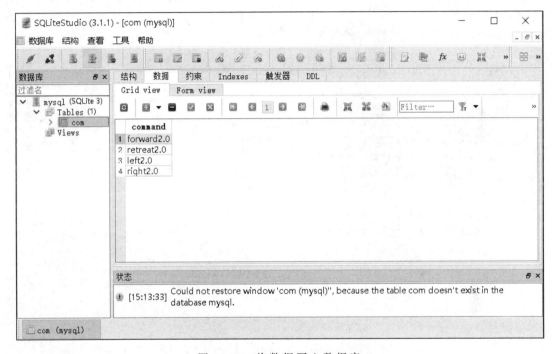

图 10-9　将数据写入数据库

（2）打开 widwritesql.py 并运行，其界面如图 10-10 所示。

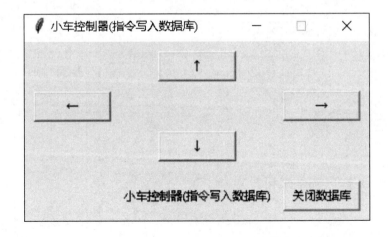

图 10-10　Python GUI 界面

widwritesql.py 代码如下：

```python
from tkinter import *
import sqlite3

conn=sqlite3.connect('D:\mysql.db')
c=conn.cursor()
c.execute('''CREATE TABLE if not exists com (command text)''')

root=Tk()
root.title("小车控制器(指令写入数据库)")

root.resizable(0, 0)    # 阻止 Python GUI 的大小调整

def Forward():
    c.execute('''CREATE TABLE if not exists com (command text)''')
    c.execute("INSERT INTO com VALUES ('forward2.0')")
    print("Forward")
    conn.commit()

def Left():
    c.execute('''CREATE TABLE if not exists com (command text)''')
    c.execute("INSERT INTO com VALUES ('left2.0')")
    print("Left")
    conn.commit()

def Right():
    c.execute('''CREATE TABLE if not exists com (command text)''')
    c.execute("INSERT INTO com VALUES ('right2.0')")
    print("Right")
    conn.commit()

def Retreat():
    c.execute('''CREATE TABLE if not exists com (command text)''')
    c.execute("INSERT INTO com VALUES ('retreat2.0')")
    print("Retreat")
    conn.commit()

def Exit():
    conn.close()
    print("关闭数据库成功...")

Button(root, text="↑", width=10, command=Forward) \
    .grid(row=0, column=5, pady=10)
```

```
Button(root, text="←", width=10, command=Left) \
    .grid(row=5, column=0, padx=10)
Button(root, text="→", width=10, command=Right) \
    .grid(row=5, column=10, padx=10)
Button(root, text="↓", width=10, command=Retreat) \
    .grid(row=13, column=5, pady=10)
Button(root, text="关闭数据库", width=10, command=Exit) \
    .grid(row=15, column=10, padx=10, pady=10)
Label(root, text="小车控制器(指令写入数据库)").grid(row=15, column=5)
mainloop()
```

（3）每单击一次"↑""↓""←""→"按钮，程序就会将相应指令写入到数据库中。例如这里我依次单击"↑""↓""←""→"按钮，然后单击关闭数据库，再到SQLite软件中，单击刷新，可以看到图10-11所示界面，即表示写入成功。

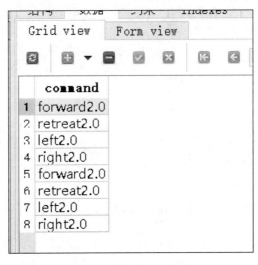

图10-11　数据写入数据库

（4）将数据从数据库中读出并发送给小车树莓派系统：小车通过UDP协议接收数据，进而将数据从数据库中读出并发送给小车树莓派系统，进而执行指令。

（5）打开sqlsender.py并运行，程序就会把数据库中的数据读出并发送给小车树莓派系统。读出后会删除或者标记已读数据，使数据不被重复读取。

sqlsender.py代码如下：

```
import socket
import sys
import time
import sqlite3
# 连接数据库
conn=sqlite3.connect('D:\mysql.db')
```

```
c=conn.cursor()

# 建立UDP通信连接
s=socket.socket(socket.AF_INET, socket.SOCK_DGRAM)
# 从数据库中读出指令后打印并发送
flag=True
# 当未收到 'bye' 指令时每隔1 s对数据库进行一次访问
while flag:
    c.execute('''CREATE TABLE if not exists com (command text)''')
    # 将数据库中所有指令读出并发送
    for (row,) in c.execute('SELECT * FROM com '):
        print(row)
        if row=='bye':
            flag=False
        s.sendto(row.encode() , ("192.168.12.1" ,5000))
    # 将已经执行的指令全部删除
    c.execute('drop table com')
    time.sleep(1)

# 关闭数据库连接
conn.close()
# 关闭UDP通讯连接
s.close()
```

4）文件控制智能车

（1）打开 sender 文件夹下的 command.txt，依次写入一些数据，如图 10-12 所示。

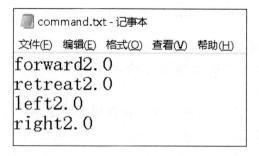

图 10-12　数据写入示例

（2）打开 filesender.py 并运行，如图 10-13 所示，即可实现将数据从文件中读取并发送给小车，执行前进、后退、左转、右转的操作。

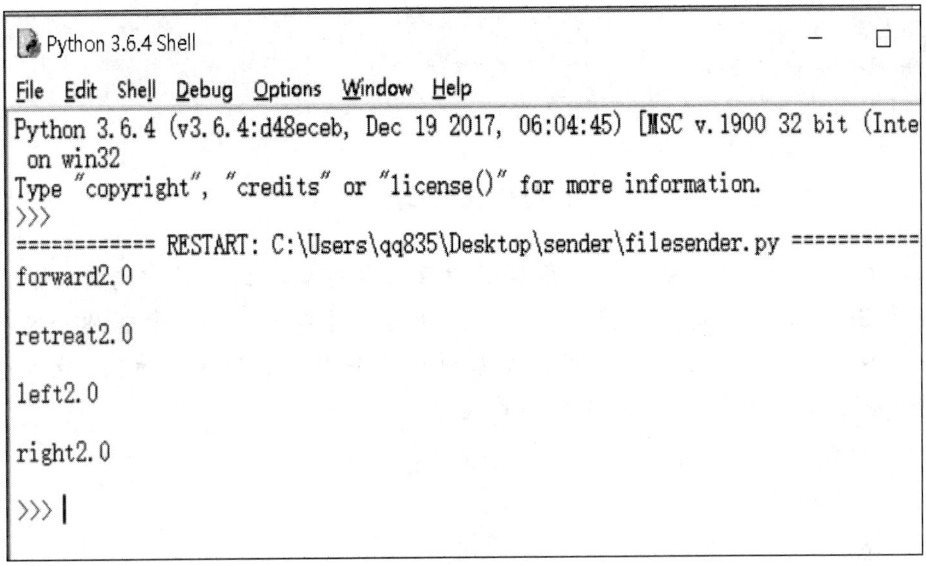
Python 3.6.4 Shell
File Edit Shell Debug Options Window Help
Python 3.6.4 (v3.6.4:d48eceb, Dec 19 2017, 06:04:45) [MSC v.1900 32 bit (Inte
on win32
Type "copyright", "credits" or "license()" for more information.
>>>
============ RESTART: C:\Users\qq835\Desktop\sender\filesender.py ===========
forward2.0
retreat2.0
left2.0
right2.0
>>>

图 10-13　在 Python 环境中运行

filesender.py 代码如下：

```
import socket
import sys
# 打开 command.txt 文件
f=open('command.txt', 'w')
# 写入多条指令
f.write('forward2.0\n')
f.write('retreat2.0\n')
f.write('left2.0\n')
f.write('right2.0\n')
# 关闭文件
f.close()

# 建立 UDP 通信连接
s=socket.socket(socket.AF_INET, socket.SOCK_DGRAM)
# 打开 command.txt 文件
f=open('command.txt','r')
# 按行读出 command.txt 中的指令
line=f.readline()
# 从文件中读出指令后打印并发送
while line:
    print(line)
    s.sendto(line.encode()[0:-1] , ("192.168.12.1" ,5000))
    line=f.readline()
# 关闭文件
```

```
f.close()
# 关闭UDP通信连接
s.close()
```

小　　结

本章在Python的基础上详细讲解了树莓派和智能车的基础和进阶应用。本章对树莓派GPIO引脚的定义和使用作了详细介绍，并给出了融合数据库、文件、网络编程的综合应用项目，读者可以在本章项目的基础下实现高级功能，比如仓储物流（或快递分拣）智能小车调度配送系统等。